女儿，你要学会保护自己

中学版

张盛林　著

哈尔滨出版社

HARBIN PUBLISHING HOUSE

图书在版编目（CIP）数据

女儿，你要学会保护自己：中学版/张盛林著.—
哈尔滨：哈尔滨出版社，2020.8
ISBN 978-7-5484-5261-4

Ⅰ．①女…　Ⅱ．①张…　Ⅲ．①女性－安全教育－青少
年读物　Ⅳ．①X956-49

中国版本图书馆CIP数据核字（2020）第067875号

书　　名：**女儿，你要学会保护自己. 中学版**
NÜER, NI YAO XUE HUI BAOHU ZIJI. ZHONGXUE BAN

作　　者：张盛林　著
责任编辑：尹　君　赵　芳
责任审校：李　战
封面设计：王照远

出版发行：哈尔滨出版社（Harbin Publishing House）
社　　址：哈尔滨市松北区世坤路738号9号楼　　邮编：150028
经　　销：全国新华书店
印　　刷：天津盛辉印刷有限公司
网　　址：www.hrbcbs.com　　www.mifengniao.com
E-mail：hrbcbs@yeah.net
编辑版权热线：（0451）87900271　87900272
销售热线：（0451）87900202　87900203

开　　本：710mm×1000mm　　1/16　　印张：15　　字数：200千字
版　　次：2020年8月第1版
印　　次：2020年8月第1次印刷
书　　号：ISBN 978-7-5484-5261-4
定　　价：39.80元

凡购本社图书发现印装错误，请与本社印制部联系调换。　服务热线：（0451）87900278

前　言

女儿，有人说青春期是女孩的花季，因为这个时期的你们生理上开始发育，身高显著增长，胸部开始发育，伴随着初潮的到来，你们就像暖春里随时可能绽放的花苞。

女儿，有人说青春期是女孩的雨季，因为这个时期的你们不仅生理上开始发育，心理上也会产生诸多变化。比如自尊心和独立意识显著增强，凡事渴望自己做主；渴望与男生交往，还会产生性萌动；对未来既有无限憧憬，又有迷茫；渴望关注，又羞于表达，内心敏感、多愁善感，时常被心中的阴雨袭扰。

女儿，还有人说青春期是女孩的冬季，因为这个时期的你们善良单纯，沉浸在欣赏"雪景"之中，对陌生人和意外降临的危险疏于防范，稍不注意就可能被意外袭来的"寒气"伤害。

女儿，在青春期这个特殊时期，你们女孩不仅生理上从小孩子变成大姑娘，心理上也从幼稚慢慢走向成熟，还要从依靠父母的保护到慢慢学习如何保护自己。没错，保护自己，是女孩一生都要掌握的生存技能，是青春期必修的一门课程。为什么这么说呢？

女儿，你知道吗？身为一个女孩，其实你一直在充满荆棘的人性丛林跋涉。而作为你的爸爸，我对你的人身安全有太多担心。你幼年时，爸爸担心你懵懂无知，被坏人诱骗；你童年时，爸爸担心你懦弱胆小，被同龄人欺负；你进入青春期后，爸爸担心你太过单纯，成为性骚扰、性侵害的受害者。

女儿，也许你觉得爸爸的话有些危言耸听，但你也许不知道，很多像你这么大的女孩并没有危机感，她们单纯地认为世界是美好的，人心是善良的。她们觉得陌生人的热情是友善的表现，对陌生人的搭讪以礼相待、耐心回应；她们觉得别人的关心和帮助是没有目的的；她们喜欢交友，认为别人也会真心与她们交往。

可是，近年来，女孩遭遇陌生人拐卖、性骚扰、猥亵、性侵害的案件屡见不鲜，女孩网上交友被骗财、骗色的案件不胜枚举，女孩早恋、意外怀孕的新闻时有曝光。我们在愤怒指责犯罪嫌疑人作恶多端的同时，也不得不站在女孩的角度替她们反思一下自己：

我对陌生人是否有足够的防范意识？

我对周围的熟人是否有过警惕之心？

我对吸烟、喝酒、乱交朋友带来的不良影响是否有足够的认识？

我对出入酒吧、KTV这类娱乐场所的危险性是否有心理准备？

我对早恋、性行为可能带来的身心伤害是否有清醒的认识？

女儿，如果你也像那些没有防范意识的女孩那样，意识不到这些行为的危险性，认识不到自身安全的重要性，那么爸爸真的很替你担心：今后你离开了爸爸妈妈的保护，去往陌生的城市上大学，将来走向社会参加工作，又如何正确地与人交往，又如何安全地生活呢？

女儿，意外和明天不知道哪个会先来，没有人能预料到自己会遇到怎样的危险。当危险降临时，如果我们不知道如何应对，那岂不是很悲哀？所以，爸爸想对你说："增强自我保护意识，学习自我保护方法，做一个内心强大、头脑聪慧的女孩很重要。"

女儿，最后爸爸想告诉你的是：做人要善良，要乐于助人，但不要忘了这个世界上也有坏人，你要保留必要的锋芒，做一枝带刺的玫瑰，才能安全而美丽地绽放。

目 录

第一章

女儿，你一生平安比什么都重要

女儿，自从你来到这个美丽的世界，爸爸妈妈就准备好了和你一起享受生命的美好。然而生命是脆弱的，可能在不经意间就会消失得无影无踪，所以你任何时候都要珍爱生命，把生命放在第一位。有了生命，一切美好才有可能。所以，女儿，你一生平安是爸爸最大的心愿。

每个女孩都是爸爸的掌上明珠

女儿，你知道吗？很多妈妈都讨论过生了女儿之后爸爸们的变化。有的妈妈说，孩子的爸爸变得萌了不少，之前偶像剧都懒得看，现在却能陪女儿一集又一集地看动画片；有的妈妈说，孩子的爸爸以前从不发朋友圈，有了女儿后却经常发，还都是发有关女儿生活点滴的照片；有的妈妈说，爸爸对女儿特别温柔，从不对女儿黑脸、发脾气，甚至都不对女儿大声说话……

知道爸爸们为什么对女儿如此情有独钟吗？这大概是因为女儿是爸爸上辈子的情人，是爸爸的贴心小棉袄，更是爸爸的掌上明珠。爸爸是女儿永远的守护者，不管外面有多少狂风暴雨，爸爸时刻都是女儿的保护伞，给女儿暖心的呵护和安全感。

其实，全天下的爸爸都深爱他们的女儿，只不过有些爸爸善于表达，有些爸爸把爱藏在行动背后；有的爸爸陪伴女儿的时间多，有的爸爸陪伴女儿的时间少。作为爸爸，从女儿出生的那一天起，就把女儿当作一朵娇嫩的花朵，用自己宽大的双手和温暖的怀抱，日复一日地守护着自己心爱的女儿，害怕女儿受到一丁点伤害。

爸爸对女儿的爱，到底有多深呢？一起看看下面的事例：

爸爸可以让女儿骑在自己的脖子上，两人一起走路，一起说悄悄话；

爸爸哄女儿睡觉时，和女儿挤在一张床上，被女儿挤到床边也没有半点怨言；

女儿睡着了爸爸不忍心离开，想再陪一陪女儿，静静地欣赏女儿睡觉时的脸蛋；

爸爸宽厚的肚皮可以成为女儿随时倚靠的枕头，两人一起享受静谧的亲子时光；

爸爸可以趴在地上给女儿当马骑，只要女儿开心，他可以乐此不彼地玩一次又一次；

爸爸给女儿梳头时，虽然动作有点笨拙，但力度总是很轻柔，生怕弄疼了女儿；

即使爸爸再忙，只要女儿过来，他也会停下手头的工作，耐心地陪女儿玩一会儿，没有一丝的不快；

很少做饭的爸爸，可以在女儿需要时亲自下厨，为女儿精心准备一顿香喷喷的饭菜；

和女儿一起游泳时，爸爸是最紧张的那个人，因为他时刻都在担心女儿的安全；

女儿哭鼻子时，爸爸哄不好女儿也不会走开，而是静静地陪在女儿身边；

......

爸爸对女儿的温柔，对女儿的好，千言万语都说不完。一个铁骨铮铮的硬汉，在女儿面前很可能是柔情万种的暖男。爸爸庆幸有你这样的女儿，可以从小给你留长发、刘海儿，给你梳头发、扎辫子，给你讲故事，哄你入睡。

春天带你去野外看风景、呼吸新鲜空气，给你编花环戴在头上，给你拍照片；夏天给你买漂亮的裙子，给你买西瓜、冰激凌；秋天带你走在满是落叶的石板路上，让你感受浓浓秋意；冬天陪你打雪仗、堆雪人，让你在雪地里尽情地嬉笑打闹。

无论何时、何地，只要你和爸爸一起出门在外，爸爸都愿意牵着你的小

手，做你的守护者。你不想走路的时候，爸爸可以抱着你、背着你；你渴的时候，爸爸可以给你买水；你累的时候，爸爸可以陪你找个地方休息；你困的时候，爸爸可以让你依偎在爸爸的怀里睡一会儿。爸爸为什么这么爱你？因为你是爸爸的掌上明珠，是爸爸的心肝宝贝！

女儿，你的人身安全比什么都重要

女儿，在你出生之前，爸爸不止一次想象过将来要把你培养成多么优秀、多么有才艺的孩子。但是这种想法在你出生后，爸爸用双手捧起你小小的身躯时，都化为一份虔诚的祈祷：女儿，爸爸最大的心愿是你能一生平安，这比你拥有多少才艺重要得多。

女儿，你还记得五年级期末考试最后一天下午的事情吗？那天下午，快考完试时，老师通知家长说放学时没有校车了，需要家长去学校接孩子。当爸爸匆匆赶到学校时，却没看见你的踪影。本来你也可以坐公交车回家，可是那天你身上没带钱，怎么坐车呢？我想，你也许正在步行回家的路上吧。于是，我慢慢地开着车，一路寻找你。

刚开始我还不怎么着急，想着你肯定有办法回家。可是，随着时间一分一秒地过去，天色渐渐暗下来，我越来越担心你的安全。我甚至胡思乱想，该不会有人突然从黑暗中窜出来，把你带走吧？当我沿着马路回到家，发现你正在楼道门口等我时，我那颗悬着的心才算落了地，我也长长地舒了一口气。女儿，你这回知道你的安全对爸爸妈妈有多么重要了吧？

这些年来，爸爸经常从新闻中看到一些关于女孩的负面消息：哪个女孩遭遇校园霸凌，哪个女孩被坏人猥亵，哪个女孩坐黑车失联，哪个女孩被坏人杀

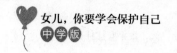

害……这些新闻直看得爸爸心惊肉跳。养育女儿，爸爸妈妈本来就有操不完的心，女儿的安全问题更是令爸爸妈妈时时惴惴不安。

所以，在你很小的时候，爸爸妈妈就给你讲一些安全知识。比如，出门不要乱跑，过马路时要走人行横道，放学后不要在外面逗留；在家里不能随便给陌生人开门，身体私密的地方不能让别人触摸；还有，发生火灾时怎么报警，遇到紧急情况怎么求救，等等。相信这些安全知识你都已经牢记于心。

女儿，也许你觉得现在的社会治安比较好，没有那么多坏人。爸爸想说的是："不怕一万，就怕万一。"就算我们的社会治安稳定，也不能避免极个别坏人对女孩起歹念。因此，爸爸希望你提高警惕，加强自身的防范意识，掌握一些必要的安全常识，以便在突发情况来临时更好地保护自己。具体希望你看看以下几条建议。

1.把别人伤害你的可能性降至最低

女儿，你应该明白，在这个社会上，"坏人"二字不会写在脸上，有些人表面上看起来是"好人"，但随时可能会变成"坏人"，只是他们还没有遇到变坏的机会。比如，你独自走在昏暗的街道上，或在无人的公园里闲逛，或者和男性同处一室时，路人或对方也可能突然对你心生歹念。假设你穿着性感、打扮靓丽的话，就更容易刺激坏人的欲望，增加坏人伤害你的可能性。

曾经看到过这样一则新闻：一位女子因初吻被夺走而想不开，竟然选择跳河。起因是她半夜和男同事一起在街上闲逛，男同事趁她不注意，偷偷亲吻了她一下，她想不开，才做出这样的事情。庆幸的是，当时他们是走在街道上，如果是独处一室，那么后果可能就更严重了。所以，与其在不幸的事情发生以后去谴责伤害你的人，不如防患于未然，把别人伤害你的可能性降到最低。

比如，尽量不要单独走夜路，不要单独和男性相处；单独外出时不要走偏僻小道，而要走比较喧闹的市区、大道。夜晚外出一定要及时与家人联系，晚归时要让家人去接。不要随便搭乘陌生人的顺风车或与陌生人拼车。着装要朴素大方，切忌过于性感暴露。当你做到这些时，心存歹念之人就很难找到伤害你的机会。

2.在任何情况下，都不要激怒别人

这里的"别人"既包括陌生人，比如商店的服务员、学校的保安、小区的保洁、快递小哥等，也包括熟人，比如你的同学、亲戚、好友、邻里等。有些女孩子凭借伶牙俐齿，说话时不把对方顶到南墙不罢休，争吵时非要争个输赢来。殊不知，这种行为很容易给自己招致祸患和伤害。

有数据显示，有70%案件中的女性受害者在遇害或受伤害之前，都与嫌疑人有过一番激烈的争执。因此，跟男性打交道时，女孩更应该注意说话的分寸。一般情况下，男性相对于女性而言更容易冲动，而且他们在语言表达能力上相比于女孩有一定的劣势。因此，当他们在争吵中被激怒时，有可能瞬间变成一头愤怒的狮子。现实生活中，很多激情杀人的案件就是这样发生的。

正所谓："玫瑰带刺，兔子咬人。"每个人心中都住着一个小魔鬼，你要做的是让它酣睡百年，而不是激怒它。女儿，做人应该学会避其锋芒，学会委婉表达，哪怕得理也要让人。女儿，与人产生争执时，可就事论事讲道理，切莫出言不逊羞辱人。因为，不是所有人都懂道理，也不是所有的人都能迁就你。当与别人讲不通道理时，要学会耸耸肩、摊摊手，微笑着放弃。

3.从细节做起，做好安全防范措施

几年前在深圳曾经发生过这样的一个案例，三个女白领被入室抢劫的歹徒杀害。歹徒被捕后交代，当时他只是偶然路过她们楼下，看到她们的窗户没有关，于是临时起意，顺着排水管攀爬进入室内抢劫、杀人。三个女白领中，但凡有一个人稍微细心点，在夜幕降临时关好窗户，拉好窗帘，也不至于遭此劫难。

所以，女儿，安全防范无小事，你需要从细节做起。比如，晚上回到家，一定要迅速关闭并反锁大门。要关好窗户，拉好窗帘，保证你在室内的活动不被窥视。这样才能最大限度地保障自身的安全。

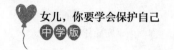

女孩成长过程中，要当心哪些伤害

女儿，每当爸爸把你送到学校，看着你走进校园留下的背影时，都会感到身上的使命无比艰巨：这个女孩需要我用一生去呵护，去牵挂。很多时候，我跟身边的叔叔阿姨聊天时说，假如当初生个男孩，我可能会放手让他去闯荡、去拼搏。但是生了女儿就不一样了，我会忍不住担心你每天是否平平安安，有没有受到伤害。可以说，你的平安健康，是我此生最大的愿望。

女儿，可能你觉得爸爸有点杞人忧天，你认为自己长大了，可以保护好自己了，爸爸没必要过于担心。如果你能这样想，爸爸首先为你感到高兴，因为你有自我保护的意识和信心了。但爸爸还是要提醒你：这个世界并不像你想象的那样单纯美好，你善意付出，就能得到善意回报和对待。事实上，不是每个人都那么善良，危险和伤害随时有可能发生在你身上。所以，你要时刻保持警惕，当心可能在不经意间出现的危险和伤害。

一般情况下，女孩在人身安全方面比男孩更容易受到伤害。为了方便与你探讨这些成长过程中可能遇到的伤害，爸爸打算从以下几个方面和你聊一聊：

伤害1：被猥亵

有新闻报道称，一些品行恶劣的男性会在地铁、公交车等人多拥挤的场合猥亵女性甚至是年幼的女孩。他们假装不经意地触碰到女性的身体，如屁股、胸部等身体部位，实际上是有意为之。他们甚至用手机、针孔摄像头偷拍女性的私处。遇到这种情况时，女性感到非常委屈，说出来，觉得很丢脸；不说，精神上又受到了伤害。

建议：

假设遇到这样的情况，爸爸希望你能掌握一些自我保护技巧。首先，你要用手护住自己的隐私部位。其次，你可以有意识地走开，换到别处，或挤到多名女性中间去，借助众人的力量保护你。如果对方还尾随不放，你可以先提醒他：请你放尊重点！如果对方依然不为所动，你最好向驾驶员或同车其他人员求救。实在不行，直接拨打110电话报警。

伤害2：性侵害

生活中，有些心怀歹念的男性贪图年轻女孩的容貌，见女孩独自一人，就有可能伺机对女孩进行性骚扰或者性侵害。女孩由于身单力薄，面对性侵害时反抗能力、逃跑速度有限，所以一旦落入坏人之手，非常容易受伤害，甚至会有生命危险。因此，性侵害对女孩生理和心理的伤害是巨大的，有些女孩甚至一辈子都走不出这种伤害带来的阴影。

建议：

女儿，为了预防性侵害，爸爸建议你尽量不要独自一人走夜路，不要去偏僻的地方，走偏僻的小路；如果不得不晚上出门，希望你能结伴而行。另外，尽量不要单独和男性同处一室，无论对方是陌生人，还是你熟悉的人，比如老师、同学、邻居、亲戚等。更不要随便去男性的家里，尤其是对方父母、其他家人不在家时。

万一遇到性侵害，首先要明确地拒绝，切莫因害怕或喜欢对方而半推半就。比如，你可以找个理由，如"我先去趟洗手间！""我口渴了，去喝口水！"迅速地离开。如果无法逃跑，你可以先适当地配合对方，稳住对方的情绪，再寻找机会向周围人求救。

伤害3：意外怀孕

2018年暑假期间，14岁的小珍（化名）频繁找各种借口不回家过夜，比如，说"班上女同学爸妈去旅游了，需要陪宿几天""女同学让我陪她写作业"等。虽然爸爸妈妈很担心，但总有"女同学"打电话或发短信来报平安，所以他们也就信以为真了。结果9月份开学后的一天，老师打电话通知家长，说小珍频繁恶心、想吐，身体不适。爸妈带小珍去医院检查，结果得知小珍竟然已经怀孕两个月了。

原来，暑假期间，小珍几次夜不归宿并不是陪伴女同学，而是和同年级14岁男孩小刚（化名）躲在一个出租屋过夜。

随后，小珍接受了人流手术。从那以后，小珍便一直躲在家里，一谈起这件事就和父母大吵大闹。

14岁正值豆蔻年华，小珍却因一时糊涂给美好的青春刻上了一缕伤痕。怀孕这件事给青春期的孩子身心带来的伤害，是很难弥补的。因为这个阶段女孩的身体尚未发育成熟，若过早发生性行为，对身体会造成很大的伤害。特别是意外怀孕后的人流手术，对女孩的身体伤害更大。另外，这个阶段的孩子心智发育也不成熟，这样的伤害可能会留下一生的阴影。

建议：

女儿，爸爸要郑重地提醒你：首先，千万不要和男生发生性关系，而避免和男生发生性关系最好的防御办法就是不要早恋。因为青春期是情窦初开、对异性充满好奇的阶段，这时的少男少女性意识萌发，在彼此好感和冲动的作用下，很容易发生性关系。再者，早恋往往是结不出硕果的，因为你们的心智还不成熟，也不能够对彼此负责。因此，爸爸希望你以这个案例为鉴，爱惜自己的身体，珍惜自己的学业，在应该认真学习的年纪做一名好学上进的学生。

识别生活中常见的10大骗局

俗话说："耳听为虚，眼见为实。"可爸爸想说的是，很多时候眼睛看到的也不一定是真实的，因为骗子为了让别人相信他们，会把骗局设计得像真的一样。接下来，爸爸把生活中常见的骗局列出来，便于你提高警惕，识破骗局。

骗局1：帮忙砍价

一些软件或电商平台上经常有"帮忙砍价"的链接，价值几百元甚至上千元的商品，通过好友的不断砍价，或许能够以很低的价格甚至"0元"购买。面对如此大的诱惑，不少人会心动，纷纷加入"帮忙砍价"的队伍。然而，很多人忙活了半天，结果最后发现上当受骗了。

防骗提醒：

女儿，你知道吗？"砍价"往往是网络营销的一种方式，有的是为了产品推广，有的则是为了骗"粉丝"的关注，增加流量。有些人在砍价后，居然发现卡里的钱被盗刷了。即便一个商品真的被砍到了很低的价格，那也不过是因为该商品原本就值这么多钱。所以，你根本占不到什么便宜。

骗局2：抽奖游戏

你稍微留意一下就会发现，热闹的街头巷尾，经常有人搭台搞开业大酬

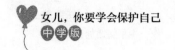

宾、店庆等活动，主持人在台上滔滔不绝地介绍活动内容——只需交20元（金额不定），就可以抽奖一次，奖品有：一等奖笔记本电脑，原价8000元，特价只需800元；二等奖电动车，原价3680元，特价368元；三等奖数码相机，原价1698元，特价为168元……

防骗提醒：

女儿，你知道吗？其实很多情况下抽奖盒里根本没有一等奖、二等奖、三等奖，即便有这些奖品，你也抽不到。你可能会说："不对呀，我看到有人抽到了这些大奖啊！"但是，女儿，你可能不知道那些人很可能是"托儿"，他们是为了吸引人才故意配合着骗人的。而且你抽到了奖品必须买下，实际上这些奖品往往是劣质且高价的东西，根本不划算。

骗局3：付运费免费领东西

我们的手机短信或者朋友圈中经常有类似免费赠送"香奈儿口红""明星同款太阳镜""名牌手表""名牌耳机"等信息，只需支付运费即可免费领取。看到这样的信息，你是否会想：天底下真有这样的好事？实话告诉你，你真的可以收到口红、太阳镜、手表、耳机等物品，但它们绝不是名牌，而是很便宜的地摊货。

防骗提醒：

女儿，你知道吗？骗子利用的是大家贪小便宜的心理，先是以免费的东西为诱饵，然后从较为高昂的运费中获取利润。这些货物本身价格非常低廉，根本连运费都不值。

骗局4：冒充熟人借钱

在一些社交软件上，经常有类似的冒充熟人借钱的骗局。犯罪分子通过植入木马等黑客手段，盗用他人QQ、微信账号，然后以各种理由发送借钱信息。一旦有人向其转账，金钱就有去无回。还有一种冒充熟人的骗局，就是骗子将自己的微信头像设置成你朋友的微信头像，用相同的昵称，然后用该微信号向你发送借钱信息，极易使人中招。

防骗提醒：

女儿，如果你收到类似的借钱信息，不要急着给对方转钱，而要先通过视频通话、电话确认或者当面确认，以避免上当受骗。

骗局5：街头求助

在城市街头、马路上或广场上，常常有一男一女、一老一少或一位妇女带着一个小孩，遇到行人就上前说："我们两口子来本地打工，钱包丢了，没钱买吃的，你给我们一点钱买吃的吧！""我带孩子来本地看病，钱包丢了，你给点钱让我们做路费吧！"

防骗提醒：

女儿，见到这种求助，你是否顿生同情之心呢？你是否会觉得对方很可怜，然后信以为真地从口袋里掏出你为数不多的零花钱给对方呢？如果你这样做，那你的善良很可能就被利用了。实话告诉你，这种情况往往是骗局，对方利用的正是你的同情心和善心。遇到这种求助，你可以对他们说："你打110报警电话，民警叔叔会帮你解决吃饭问题，会送你回家的。"当你说完这话之后，对方很可能气呼呼地走开。这正好说明他们是骗子。

骗局6：街头乞讨

路边某个青年男子坐在地上，面前放着一个纸牌子，上面写着："找不到工作，两天没吃饭了，请好心人给点钱买吃的。"有些少年还会把书包、学生证、录取通知书等摆在地上，地上用粉笔写着"家里太穷了，上不起学"等字样。还有一些残疾人可怜兮兮地趴在地上，一旁的音响放着苍凉的音乐。

防骗提醒：

女儿，如果你遇到这种情况，请收起你的同情心，一秒也不要停留地离开。因为这是有组织的骗局，不远处还有骗子的上级，他们正在暗中窥视，看是否有人上当受骗呢！

骗局7：捡钱骗局

女儿，如果你在路上、商店、银行、邮局等场所看见一个人把一沓钱掉在

了地上，却没有感觉地继续往前走，那么你一定不要上前捡钱。如果你上前捡起钱，很快就会有人走到你跟前，提议说："这钱是我们同时看到的，咱们平分吧！"然后，他以赶时间为由，骗你先从口袋里拿点零钱给他。等你拿钱给他之后，他马上溜之大吉。

防骗提醒：

女儿，你知道吗？掉在地上的那一沓钱，实际上是假钱，或只有外面那一张是真钱，里面全是假钱。如果你信以为真，想贪便宜，把身上的钱给了别人，那你就中招了。遇到这种情况，你最好叫住前面丢钱的人，提醒他丢了钱，或在其他人提出和你平分"赃物"时提出报警，将钱上交给警察。

骗局8：掉包骗局

你出门打的、购物时，拿一张百元大钞给司机、商家，对方掏摸了半天，然后说没有零钱，让你凑零钱给他。这时他将百元大钞还给你，有可能已经暗中调换了一张假钞。或者，他假装验钞，故意磨蹭，暗中调包，然后对你说："麻烦换一张，这张是假钞。"

防骗提醒：

女儿，像你这么大的孩子，可能无法区分纸币的真假。遇到这种情况，你很可能信以为真。实际上，对方在你不注意的时候已经上演了一出"狸猫换太子"的假戏。所以，你给了别人大面额钞票后，一定要留心观察对方的举动，以防被骗。

骗局9：借手机打电话

公交车快到站时，一个男人慌张地说自己手机被偷了。这时，旁边有人说："谁手机借给他拨打一下，看丢的手机在谁身上，谁就是小偷！"于是，那个男人就向乘客借手机拨通自己的号码。突然，靠近门口的一个人拔腿下车就跑，那个借手机拨打自己号码的男人叫嚣着追了过去，转眼间两人都不见了。于是，那个借出手机的人，这回真的丢手机了。

防骗提醒：

女儿，这个骗局告诉我们，在外面千万别轻易把手机借给陌生人。遇到危急情况，你可以让别人报号码，你来拨打，而不要直接把手机借给他。

骗局10：送货上门

一个陌生人敲门，说："我是你爸爸（妈妈）的同学（好友或其他亲友），刚从外地出差回来，他（她）托我带了双皮鞋，一共×××元钱。我现在要去办事，身上带的钱不够，你能先把钱给我吗？"

防骗提醒：

女儿，这种骗局其实是以欺骗的方式销售假冒伪劣产品，那双鞋子根本值不了几百块钱。如果你掏钱给他，你就上当受骗了。遇到这种情况时，你一定要多个心眼，别相信这一套。你可以跟他说："我爸爸（妈妈）在家呢，你跟他（她）说吧！"

任何时候生命都是最宝贵的

女儿，如果你见过火灾中惊慌逃亡的人群，如果你听过地震废墟之下被掩埋者绝望的呼救声，如果你感受过病入膏肓者对人世间的不舍，你就会明白生命有多么脆弱，又是多么可贵。遗憾的是，总有一些少不更事的青春少女不珍惜它。正如法国诗人吕凯特所说："生命不可能有两次，但许多人连一次也不善于度过。"

2019年11月25日，是石家庄13岁女孩小美进入重症监护室的第8天。8天前的晚上，她在自己的房间吞下了一百多颗药片自杀，第二天清晨被父母发现，紧急送往医院抢救……父母彻夜守候在重症监护室的门外，只为那扇门打开时可以透过缝隙看女儿一眼。

小美的爸爸蒋先生告诉记者，小美曾经是个活泼开朗的孩子，学习成绩非常优秀，老师和同学们都很喜欢她。但在一个多月前，她出现了抑郁症症状，变得不爱说话，整天闷闷不乐，经常把自己关在房间。

蒋先生认为，小美之所以出现这种症状，与她上初中后学习压力变大有关。由于学习科目增加，学习时间增多，睡眠时间减少，她经常晚上11点才能结束学习，可第二天早晨又要早起去学校。睡眠不足，导致她出现头疼等症状。想着刚上初中就这么累，她觉得看不到希望。

11月17日是个周日，小美看上去心情很好，蒋先生让她买一些她喜欢吃的炸鸡，可他不知道，买了炸鸡之后，小美还买了几瓶药片。那天晚饭后，小美回到自己房间，谁也没想到，那晚她吞下一百多颗药片……

早在2009年，北京大学儿童青少年卫生研究所公布的《中学生自杀现象调查分析报告》显示：每5名中小学生中就有一人曾考虑过自杀，占样本总数的20.4%，而为自杀做过计划的占6.5%。更可怕的是：超过50%的自杀行为，从意念到实行不到15分钟。

2012年，杭州某机构调查7335个初中生，调查结果显示：有14.3%的初中生认真考虑过自杀，6.9%的已经制订过自杀计划，2.1%的有过自杀行为，1%的反复尝试过自杀。

女儿，当你看到这些数据时，是否感到意外和震惊呢？你也可能会感到疑惑：正值青春年少的大好时光，为什么要自杀呢？原因在于这个年龄段的孩子对死亡的认知还很不成熟，他们对这个世界尚未建立起完整的认知体系。当某件事、某个人给他们施加的恐惧、烦恼、痛苦累积到一个临界点时，他们就不自觉地陷入自己的黑暗世界，最后轻而易举地向死亡投降。

女儿，一个人无论贫穷还是富有，健康还是患病，生命都只有一次，而且一旦失去生命，多少金钱都换不回来。所以，爸爸希望你永远记住：任何时候生命都是最宝贵的，不要为了任何事情而放弃生命。

女儿，如果房间着火了，你应该第一时间逃命，而不是转身回去拿你的物品；如果你在放学回家的路上遇到歹徒抢劫，你首先应该保命，把你能交出来的财物交出来，而不是倔强地做无谓的抵抗。你应该等到机会出现时，再大声呼救或奋力逃跑。如果有人伤害了你，或你觉得生活欺骗了你，那你也应该坚强地面对。

女儿，你知道吗？现实生活中有些女孩因为被父母、老师批评，或因为与

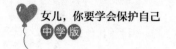

同学闹矛盾，或因为失恋了，就想不开，寻死觅活，甚至选择自杀，放弃如花的生命。这样的女孩，在爸爸看来是极其愚蠢的，她们的行为是对生命的极不负责，也是对深爱她们的人最大的打击和伤害。

女儿，在这个世界上，没有谁的一生会一帆风顺，谁都会遇到各种坎坷。只有经历过了，才会懂得。只有尝试过了，才会理解。所以，爸爸希望你学会调节自己的心态。遇到烦恼时，尽管跟爸爸妈妈倾吐内心的不快吧。爸爸妈妈会教你如何调整自己的心情，或陪你出门散散心，或利用周末时间带你去旅游；或许我们会陪你去吃一顿大餐，让你品尝人间美食；或和你开个幸福的玩笑，让你在哈哈一乐之后忘却自己的小烦恼。当然，我们最终会教你如何战胜困难，帮你成为生活的强者。

女儿，追随快乐吧，不要与悲观者为伍。2019年9月8日晚上，重庆被一场大雨笼罩，而三个女孩的父母则被刻骨铭心之痛击倒。一个小区，三个十二三岁的女孩，手牵着手从18楼跳下，坠落到二楼防护栏上，当即死亡。

在这场悲剧中，三名女生相约自杀值得我们重视。她们为什么会"相约"？这说明三名女生都有不同程度的烦恼。所谓物以类聚，人以群分。当一个人遭遇不幸时，如果向悲观者倾诉，得到的将是消极的回应，他的郁闷是难以排解的，最后很可能同病相怜，产生"同是天涯沦落人"的悲观情绪。所以爸爸希望你心向阳光，追随快乐，与快乐为伍，与乐观者为友。这样当你遇到苦闷时，就会被快乐化解，从而快速走出郁闷的阴影。

女儿，爸爸希望你能够做到：在身处危险时努力保护生命，在平凡生活中珍惜爱护生命，在遇到挫折和烦恼时坚强而乐观地活着。因为活着才有希望，活着才有乐趣。就像美国作家亨利·门肯说的那样："人活着总是有趣的，即便是烦恼也是有趣的。"

第二章

保护好自己，让校园生活更美好

　　女儿，平安祥和的校园不只是你学习知识的场所，也是一个小小的社会。在这个小社会里，你既要如饥似渴地追求知识，也要在和同学交往时与人为善，还要对一些不和谐的音符乃至潜在危险有所防备。爸爸希望你具备一定的自我保护意识，掌握一些校园内的自我保护方法，让自己安全而快乐地享受知识的熏陶。

不化妆，打扮不"女人化"

2019年9月初的一天，《贵阳晚报》的记者接到一个求助电话：家长赵女士反映，她整理13岁女儿的书包时发现，包里竟然有一支口红和一支睫毛膏。出于好奇，她翻看了女儿的抽屉，发现里面还有眼影、粉饼、腮红等化妆品。顿时，她感到十分震惊，不知所措。

记者走访贵阳市多所中学发现，与赵女士女儿类似的化妆现象在孩子中并不少见，而且化妆年龄呈现逐渐走低趋势。学校周边的精品店里，化妆品种类繁多，很受初中女生欢迎。在一家商场的化妆品专柜前，记者遇到了3名女孩，她们的购物篮里有护肤品、口红等，她们告诉记者："班上一大半女生从初一就开始化妆了，我们化妆还算比较晚的。"

女儿，爱美是人的天性，尤其是青春期的女孩，都希望自己漂漂亮亮的。可是在爸爸看来，青春期女孩的美应该体现在朝气蓬勃、活力四射的精神面貌上，而不是打扮得有些"女人化"的妆容上。

女儿，你的穿着打扮是你留给别人的最初印象，也能够体现你的内在。如果你穿着打扮大方、得体、有分寸，你就容易在老师和同学们的心目中留下好印象，也容易受到大家欢迎。反之，如果你穿着打扮怪异，比如化着浓妆、染着头发、喷着香水、穿着奇装异服，那么老师和同学们就会视你为"另类"，甚至认为你是个轻浮的"女孩"，从而渐渐疏远你。

不仅如此，"另类"的穿着打扮还会引起校园里、社会上不学无术的"小混混""坏青年"的注意。常言道"苍蝇不叮无缝蛋"，女孩穿着性感，打扮"女人化"很容易被坏人盯上，给自己招来祸患。

南海网曾报道过这样一则新闻：

一男子在街头发现一名穿着性感暴露的女孩，于是跟踪了她两天，然后尾随敲门作案。女孩开门后，男子通过威胁实施了性侵行为。女孩在反抗过程中，被男子用板砖砸伤头部。事后女孩被送到医院抢救，但不幸的是已经脑死亡，成了植物人。

炎炎夏日，女孩本想把自己打扮得"清凉"一些、"女人"一些，没想到给自己招来祸端。可见，女孩在穿着打扮上不能太随意。所以，女儿，穿着大方、打扮得体不仅是树立良好个人形象、保护个人健康的需要，有时候也是防止被坏人盯上、避免招来祸端的必要举措。

那么，女孩怎样做才算穿着大方、打扮得体呢？

1.不要经常化妆，更不要化浓妆

女儿，爱美之心人皆有之，但正处于青春期的你们年纪尚小，我不建议你们经常化妆，更不提倡你们化浓妆。女儿，也许你不知道，化妆品中除了含有防腐剂，还掺杂铅、汞等有毒化学成分，皮肤吸收后可能会引起过敏反应。比如，皮肤发红、灼热，这些化学成分甚至会加速皮肤衰老。如果经常使用劣质的化妆品，铅、汞含量超标，还可能致癌。因此，为了自己的健康，爸爸希望你不要经常化妆，更不要化浓妆。再说了，浓妆艳抹与你的学生身份严重不符，并不能彰显你的形象和气质，反而使你显得很老气、俗气，所以，真的没必要大费周折地把自己搞得很"女人化"。

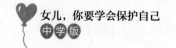
2.穿衣服要以朴实、大方为主

女儿，正处在青春期的你也许觉得整天穿校服和运动服有些单调，你希望自己的衣橱里增加一些款式新颖、颜色靓丽的衣服。比如吊带衫、超短裙、紧身裤、喇叭裤、热裤等。但是，你还是一名中学生，爸爸建议你穿衣服以朴实、大方为主，这既符合你的青春朝气，又利于你的健康发育，还能避免过于惹眼。特别是在夏天，再热也要避免穿太薄、太露、太短、太透的衣服，防止被不怀好意者盯上，给自己招来不必要的麻烦。

3.穿鞋子要以舒适、健康为主

女儿，在你们同学之间，是否有人喜欢穿皮革材质的长筒靴、马丁靴呢？是否有人喜欢穿高跟鞋呢？你对她们有没有羡慕呢？其实，你完全不必羡慕她们。别看她们穿着长筒靴、高跟鞋，走起路来婀娜多姿，但实际上，这对她们的身体发育和健康是非常不利的。

由于长筒靴、马丁靴往往不透气，所以很容易滋生细菌，引起脚气等疾病。另外，经常穿高跟鞋会给脚踝造成重压，影响足部骨骼的生长，还容易导致女孩驼背。所以，爸爸建议你穿鞋子以舒适、健康为主，比如运动鞋、平板鞋就很好，舒适轻便，最适合充满青春朝气的你跑跳、活动。

此外，爸爸还要提醒你，青春期的女孩不能为了追求时髦去染发、烫发，戴首饰，这样的打扮会让自己变得很"女人化"，并不是真正的美丽。古诗说："清水出芙蓉，天然去雕饰。"青春期女孩的穿着打扮应该以简洁大方为主，应该把自己打扮得清新自然一些，做一个清纯的女孩。

攀比、炫耀，有时会带来祸端

女儿，现代社会，随着经济水平的发展，人们的生活条件也大大改善。与此同时，中学校园里也悄然刮起一阵攀比之风。比如，有些学生不是比学习成绩，而是比家庭经济条件，具体表现为比吃喝、比穿戴、比时髦、比排场、比玩乐。这不仅会影响同学之间的友谊，还容易引发一系列社会问题。

2018年11月10日傍晚，河南省周口某派出所接到群众报警，辖区内一家服饰店被盗，丢失10件衣服，价值2000余元。民警到达现场后，立即调取监控视频，连夜走访周围群众，搜集证据。

第二天，嫌疑人小菲（化名）在妈妈的陪同下前往派出所投案自首。据小菲供述，当晚18时左右，她在被盗服饰店门口玩耍，见店老板王某带儿子出门，却没有锁门，于是趁机进入店内偷走货架上的10件衣服。

当晚，小菲回到案发现场，见民警认真勘查现场，心里非常害怕。第二天她就把自己偷窃的事实告诉了妈妈，并在妈妈的带领下到当地派出所投案自首。令民警没想到的是，小菲年仅14岁，是当地一所中学的学生。

民警在办理案件过程中，还发现小菲与两个月前当地一起电动车盗窃案的嫌疑人体貌特征很像，经审问后小菲供认不讳。通过进一步讯问，小菲交代了两次

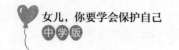
女儿，你要学会保护自己
中学版

盗窃的动机，原来因为家庭条件一般，父母不能满足她买衣服的需求，看着同龄女孩穿着漂亮的衣服，小菲的内心很受刺激。在虚荣和攀比之心的作用下，她走上了偷窃之路。

一个14岁的花季少女，如初升的太阳，人生才刚刚起步，却因虚荣心和盲目攀比走上违法的道路。这不由得让人唏嘘，让人惋惜。

女儿，对于青春期的你们来说，爱与同学比较是正常的心理。你们通过积极的比较能够发现自身的问题和不足，然后去改正，去完善自己、提升自己。但如果带着虚荣心去比较，就很容易形成攀比心理，攀比的结果是使自己心态失衡、行为失当，最终走向歧途。下面，具体来看一下攀比有哪些危害。

首先，攀比会增加父母的经济负担。大多数的攀比最终都要体现在物质上，这无疑会增加父母的经济负担。父母为了让你用得好点、穿得好点，只能更加努力地工作，或把其他方面的开支用于满足你的物质需求。

其次，攀比会影响学业，使你变得颓废。女儿，试想一下，如果你把心思都花在了攀比上，哪还有心思去学习呢？比如，同学之间互送贺礼、举办生日宴会、请客吃饭，很容易使你养成大吃大喝、吸烟酗酒等恶习。更有甚者，还会聚众赌博、去歌厅等未成年人不适合去的场所，染上不良习气。

再次，攀比还会影响身体正常发育。比如，有些女孩喜欢在穿着打扮方面攀比，不合身的衣服和鞋子就容易影响身体的发育。12~18岁正是女孩身体发育的关键时期，有些衣服和鞋子看似漂亮时髦，却不适合这个年龄穿，比如紧身裤、低腰裤，会过紧地束缚身体，从而影响身体的正常发育；高跟鞋对脚部发育会有负面影响。

另外，攀比还会影响你的心理健康。因为攀比本身就是一种不良的心理状态，长期攀比很容易使你产生嫉妒、自卑心理。攀比还容易给自己带来不必要的麻烦和伤害。试想，你穿着时髦的紧身裤或低腰裤走在大街上，说不定不良分子看到你充满诱惑力的装束后会对你生歹念呢。

女儿，法国哲学家柏格森说过："虚荣心很难说是一种恶行，然而一切恶行都是围绕虚荣心而生，都不过是满足虚荣心的手段。"攀比、炫耀就是虚荣的表现，一定要克服这种不良心理。那么，该如何克服攀比、炫耀的不良心理呢？

1.正确认识自己、评价自己

女儿，一个人爱攀比、爱炫耀，往往是因为不能客观地认识自己、评价自己，要么是过于自卑，只好通过炫耀来填补自己心理的缺失；要么是过于自信，过于迷恋自己。爸爸希望你能避免这两种心理，理性客观地认识自己，评价自己。比如，正确认识自己的身材相貌，正确认识自己的性格特点，正确认识自己的家庭条件，等等。既不要过高地评价自己，也不必自卑。要知道，没有谁只有优点，而没有缺点，优点和缺点是相对的。只要你客观、正确地认识自己，就容易获得心理上的平衡，克服虚荣心的困扰。

2.正确对待自尊心，合理满足自尊心

女儿，美国心理学家马斯洛说过："人有自尊的需要。"适度的自尊心会使人保持自信和自爱，但是自尊心太强就很容易产生扭曲的认知。比如，见同学送出的礼物很高档，怕被同学瞧不起，而不考虑自身能力和家庭条件去"逞能"，甚至打肿脸充胖子，如借钱买礼物等。这都是过度自尊的表现。想要满足自尊心，你应该通过自己的勤奋和努力，而不是靠说假话、吹牛皮、弄虚作假等不当方式。

3.正确地对待别人的评价和议论

有些女孩非常在意别人对自己的评价和议论。同学随口一句"你衣服太土了""你发饰太难看了""你唱歌太难听了"，她们就会觉得那是在嘲讽自己、羞辱自己，于是闷闷不乐，或心生怨恨，或刻意与之疏远，或想换件衣服、换个发饰以证明自己，甚至产生报复心。

女儿，你知道吗？别人的评价和议论也许只是开个玩笑，并没有恶意。你不必那么在意，更没必要因为别人一句评价、议论而影响心情，影响对自己的正确认识。对于别人的评价和议论，你要认真分析，"择其善者而从之，其不善者而改之"就可以了。

别轻易向别人借钱，也别随便借钱给别人

女儿，当你没钱的时候，你会怎么办呢？是向父母要，还是向同学借，或是找其他途径借钱，比如网贷？下面，我们先来看一个案例：

15岁女孩姚倩（化名）家境困难，爸爸卧病在床，爷爷奶奶年迈多病，妈妈腿脚有残疾，不能从事重体力劳动。姚倩觉得上高中无望，就想早点打工赚钱，补贴家用。于是，她打算暑假去市里参加家政服务技能的培训，以便将来找份工作。可是8000元的培训费，家里根本拿不出来。这天她在手机上看到一则贷款信息，于是点开操作，输入自己的身份证号码，再输入爸妈的身份证号码，并将身份证照片上传，完成了贷款业务。很快，她就收到了8000元钱，顺利交了家政服务技能培训费。

可是培训还没结束，姚倩就不停地收到催债信息，姚倩没钱还债，又不敢跟父母说，只好不停地告诉对方自己一定会还。后来，姚倩的爸妈都接到了催款电话，还受到了对方的威胁。无奈之下，姚倩和爸妈只好选择报警……

女儿，美国政治家本杰明·富兰克林在《致富之路》一书中说："欠债就相当于把你的自由交给了别人。如果你不能到期按时偿还，你将羞于见到你的债主，和他说话的时候心里会十分害怕；在他面前，你会找出种种借口来推托，渐渐就会失去你的诚实。"

爸爸作为过来人，对这个观点感同身受。当人与人的正常交往掺杂了金钱的因素时，人际关系就会变得复杂起来。当你伸手向同学借钱时，你们之间的平等关系在无形中就被破坏了。同学明显处于上风，认为自己对你有"恩"。你明显处于下风，因为你欠对方人情。在这种情况下，对方很可能轻视你，看不起你。

女儿，你知道吗？中国有句俗语叫："吃人家的嘴软，拿人家的手短。"借钱时低三下四，做出无尽承诺，情急之下甚至都不顾伦理道德，这会严重损害我们在他人心目中的形象。如果到了还钱时却拿不出钱，那你将信誉扫地。

所以，借钱是一件很没面子的事，欠别人的钱后，我们就不会再心平气和，我们会有心理压力。如果你不想被人轻视，不想被人看不起，不想承受过多的委屈，不到万不得已，不要随意向别人借钱。

关于"借钱"的问题，爸爸想提醒你三点：

1.养成按计划用钱的习惯

女儿，莎士比亚在《汉姆雷特》中说过："不要向别人借钱，向别人借钱将使你丢弃节俭的习惯。"因为借钱"来钱太快"，花钱时也不知道珍惜。久而久之，就会变得花钱大手大脚，从而丢弃节俭的习惯。

要想避免向别人借钱，养成按计划用钱的习惯很重要。如果你平时不乱花钱，而是把钱存起来，到了需要花钱的时候，你就不会总是"手头紧张"了。如果需要买较贵的物品，而你的钱不够时，可以跟父母商量，父母会根据实际情况决定是否支援你。

比如，下一年暑假结束前你想买一辆脚踏车，那你从现在开始就要有明确的存钱计划。再比如，你同时想买多件东西，那你最好排出次序，先买什么，后买什么，学会取舍。这样你就很容易养成合理用钱的习惯。

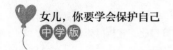

2.避免因不良嗜好借钱

女儿，作为一名学生，你们需要花钱的地方其实不多，所需要的金钱数额也不大，无外乎购买学习用品、零食等。可为什么还有不少孩子经常"手头紧张"呢？主要是因为染上了不良嗜好，比如沉迷网络游戏、赌博、请客吃饭、摆阔气等。在这种情况下，爸爸妈妈平时给的零花钱当然就不够花了。不够花怎么办呢？很自然就想到了"借"。结果越借越多，越借越还不上，造成恶性循环。所以，爸爸希望你远离不良嗜好，更不要因不良嗜好向别人借钱。

3.借了钱要及时归还

女儿，爸爸希望你不要随意向别人借钱，但在特殊情况下，你可能免不了借钱救急。比如，没来得及吃早餐，肚子饿得难受，口袋里也没钱，该怎么办呢？这时你可以向同学借钱买些吃的，先填饱肚子再说。但要记住，过后要及时把钱还给同学。

当你需要钱的数额较大时，爸爸希望你跟我和妈妈商量，千万别背着我们向社会人员借钱，更不要在网络平台上借钱，以免惹来麻烦，危及自己的人身安全。

4.要学会拒绝别人

女儿，我们不提倡随意向别人借钱，也不提倡随意借钱给别人。一方面是为了避免影响人际关系，另一方面是为了避免对方还不了钱给自己造成损失。还有就是，不随便借钱给别人可以避免别人对你产生依赖感，避免别人养成随意花钱的坏习惯。

当然，这并不是绝对的。当同学向你借钱时，你首先应问明对方借钱的原因。如果发现同学借钱是为了打游戏、赌博等，那你应该果断拒绝。拒绝的时候，可以委婉一点，也可以直接一点，这要根据实际情况灵活处理。如果发现对方确实是急用，比如买早餐或学习用品，那你不妨热心帮忙。

与男老师、男校长单独相处要当心

女儿，在你印象中，男老师对学生都会像父亲对待孩子那样充满呵护之心吧？可爸爸今天给你讲的案例，可能会让你对个别男老师的印象有所改变。

2018年3月，网上流出一段不雅视频。视频中，一位高中男老师给一名17岁女生补课，整个过程中，男老师一直将女生抱在怀中，还不时亲吻女生的脸颊及嘴唇，女生不但没有反抗，还拿着男老师的手机拍摄两人的亲密举动。事发当晚，男老师将此视频保存至自己QQ私密空间过程中，误将"仅自己可见"点成"所有朋友可见"，造成视频在QQ和微信朋友圈等平台上流传。

当地有关部门调查证实，该名男老师为47岁贾某某，是洛南某中学物理老师。从2017年11月起，贾某某利用课余时间给本校一名女生"一对一"补课，并收取相应的费用。相关部门研究决定，对有违师德的老师贾某某做出开除党籍、调离该中学的处分，并上报教育行政部门，撤销其教师资格。

女儿，爸爸经常提醒你要防备陌生人，但对于男老师、男校长这类熟人、权威人士，你们这些小女生的防范意识还不够。单纯善良的你们总认为男老师、男校长学识渊博，你们对他们崇拜还来不及呢，怎么会防范他们呢？殊不

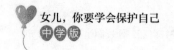
知，人心隔肚皮。个别男老师、男校长就像披着羊皮的狼，表面上彬彬有礼、充满绅士风度，背地里却做出有违师德，甚至违法犯罪的事情。

近年来，校园猥亵、性侵事件频频发生，大多数施暴者都是男老师、男校长这样特殊的"熟人"，他们以"单独谈话""一对一辅导"为由，将女学生骗到办公室后实施猥亵、性侵。受害女生往往认为，老师单独跟自己谈话、一对一辅导自己，是器重自己的表现，却不料是个温柔的陷阱。

更可悲的是，有些女孩在被男老师、男校长猥亵、性侵时，傻傻地以为这是老师爱自己的表现，甚至没有一点反抗，而是很乐意地配合，浑然不知自己是受害者。上面案例中的受害女生就是这样的典型代表。因此，爸爸有必要再次提醒你：在这个世界上，包括父母在内，未经你的允许，谁都不能亲吻你的脸蛋，触摸你的隐私部位，包括脸蛋、肩膀、后背、屁股、大腿等等。

女儿，也许你会问："爸爸，我们学校有多位男老师，校长也是男的，我应该怎么跟他们相处呢？"对于这个问题，爸爸给你提供几点建议，以便你更好地保护自己。

1.在男老师面前要注意分寸

12~18岁正是风华正茂、活力四射的年纪，加之有些女孩本来就性格活泼，爱在老师面前撒娇，说话时也肆无忌惮，行为上也不注意分寸，时不时拍打一下老师，或是拉扯老师的手。这样很容易引起老师的误会。有些女孩夏天穿短裙子、短裤，坐的时候不注意收拢双腿，蹲下的时候不注意护住衣服领口，很容易"春光乍泄"，引起男老师的非分之想。

女儿，男老师对你再好，你也要注意分寸，一定要避免以上几种情况的发生。作为学生，应该有学生的样子。和老师聊天时，要保持一定的距离。对老师要保持恭敬之心，不要嘻嘻哈哈，不要对他们做出亲密举动。这是自尊自爱的表现，也是和男老师相处的安全法则。

2.设法避免与男老师单独相处

女儿，在学习过程中，你难免要向男老师请教问题。有时候可以在教室里向老师请教问题，但有时候老师在办公室，这种情况下你该怎么避免和男老师单独相处呢？爸爸建议你最好找一两个同学结伴去。比如，你有不懂的问题想问老师时，可以问一问周围同学有没有问题要问，然后结伴去问，这样可以为你们创造安全的环境。

如果你找不到同学结伴而行，且问题又不是很紧急，那你不妨缓一缓。等办公室有其他老师在，或等老师来教室了，再向老师请教。在人多的场合，心怀不轨的男老师会规矩得多。就算对方胆大妄为，做出了不理智的举动，你也可以大胆地警告、拒绝，这样对他会起到很强的震慑作用。

3.灵活处理与男老师的单独会面

女儿，虽然你需要尽量避免和男老师单独相处，但有时候还是免不了和男老师单独会面。假如你是班干部的话，你与老师单独会面的机会会更多。比如，作为班主任的男老师把你叫到办公室，和你讨论班里的问题。你推托不合适，叫同学去也不合适，这时你就要学会灵活处理了。

你可以站在老师办公室门口和老师说话，或询问老师是否可以开着办公室门说话。这样做的目的是让来往的人看到办公室内的情况。一旦男老师对你有肢体接触、身体摩擦、语言挑逗等行为，你要坚决说"不"并迅速离开，并向校领导和爸爸妈妈报告。另外，你还可以跟同桌或前后桌的同学打声招呼，让他们知道你去老师办公室了，并提醒他们如果多久还没回来，就找个借口去找一下老师，以确保你的安全。

女儿，爸爸说了这么多，并不是要你排斥、抵触男老师。毕竟大多数男老师还是好的，我们对老师要有尊敬之心，爸爸只是提醒你要注意保护自己。

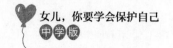
远离那些"不三不四的朋友"

女儿，人的一生不能没有朋友，没有朋友的人是孤独的。但是交朋友是一门学问，结交一个好朋友，可以让你受益一生；交上一个坏朋友，你很可能"近墨者黑"，一生暗淡无光。在我们周围，经常发生因交友不慎而深受其害的例子。

2018年，广东省汕尾市海丰110指挥中心接到报警称，两名女孩在一家宾馆被强迫卖淫。接警后，警方迅速出动，将两名受害女孩从酒店中解救出来。与此同时，成功打掉一个利用微信交友软件组织强迫卖淫的团伙，并抓获6名犯罪嫌疑人。

后来经调查发现，两名女孩之所以被卷入这个犯罪团伙，是因为她们交友不慎，在微信上认识了几名男子，之后相约见面。男子请她们吃饭喝酒，还带她们去娱乐场所，最后哄骗她们去宾馆拍裸照，还用电棍胁迫她们卖淫。在此期间，这两名女孩还被迫与两名男子发生性关系。

女儿，在这个案例中，两名女孩陷入坏人的魔爪，主要是因为交友不慎。古语说："近朱者赤，近墨者黑。"好朋友能给你带来温暖和帮助，坏朋友却可能将你带入危险之中。因此，交友之前要先看清对方是怎样的人，一定要远离那些"不三不四"的朋友。

女儿，友情是人类情感中瑰丽的花朵，爸爸鼓励你交朋友，也希望你交到知心的好朋友。但是，由于青春年少，你对坏朋友还缺乏足够的辨别能力，对"什么样的朋友才是好朋友"还把握不准。因此，爸爸有必要和你分享几条交友的经验，以帮你更好地辨识损友与益友。

1. 不因外在条件去交友，交友应该看内在

女儿，一个人是否值得你去结交，评判的依据不是外貌或家境，而是他们内在的品质，是否积极向上、乐观开朗、心地善良、好学上进。明代文人夏基在《隐居放言》中对于交友有这样一番精辟的论述："交慷慨的，不交鄙吝的人；交谦谨的，不交妄诞的人；交厚实的，不交炎凉的人；交坦白的，不交狡狯的人。"

女儿，如果按这个标准去交友，那么只有班级和学校里那些品质优秀、言行有礼貌的同学，才值得你交往。而那些行为不端、恶习难改、自私自利的同学则不在益友的范围内。具体来说，以下几种人不宜与之交友：

（1）背后说人坏话的人不宜交。

女儿，每个人都有缺点，好朋友会善意地帮我们指出来，提醒你去改正。而坏朋友则会利用缺点来攻击你、说你坏话，这种人根本算不上真正的朋友。

（2）爱占小便宜的人不宜交。

有些人喜欢占便宜，却不愿意付出和分享。你有零食、新买的书，他过来蹭吃、借书，而你找他借点东西，请他帮忙，他却找各种理由拒绝。

（3）不坦诚、爱撒谎的人不宜交。

女儿，好朋友之间就应该坦诚相待，快乐一起分享，痛苦一起承担。如果你发现朋友对你不坦诚，经常说假话欺骗你，那他就不值得你信赖，这样的人是靠不住的。

（4）喜欢制造事端的人不宜交。

女儿，有些人心术不正，喜欢挑拨离间，制造是非，引起别人之间的矛盾，然后坐山观虎斗。这样的人，还是趁早远离吧！

2.结交朋友不是越多越好，而应看重质量

女儿，朋友并不是越多越好，因为朋友太多，势必顾此失彼，反而容易错失真正在乎你的朋友。就像法国小说家巴尔扎克告诫人们的那样："交不可滥，须知良莠难辨。"因此，交朋友应该重质不重量，正所谓"广结客，不如结知己二三人"。在你一生中，如果能有几个志趣相投、互相关心、互相帮助、同甘共苦的知心好友，那将是一笔宝贵的财富。这样既能使你获得友谊的快乐，又能避免被坏朋友纠缠。

3.社会人员的背景复杂，尽量少与之交往

女儿，有些女孩喜欢与某些社会人员交朋友，称呼他们"大哥""大姐"，还经常得意扬扬地炫耀"我大哥会帮我摆平""我大姐会替我想办法"，等等。如果"大哥""大姐"像对待自己的妹妹一样关爱照顾她们，教她们一些做人做事的道理，那自然是一种幸运。怕就怕社会人员不学无术，游手好闲，带女孩做一些出格的事情，把女孩带坏，比如去网吧打游戏、去KTV唱歌、去迪厅蹦迪等，导致女孩虚度年华、荒废学业。

更可怕的是，有些社会人员利用在校女生的单纯和善良，精心设下陷阱，然后达到自己不可告人的目的。比如，劝女孩抽烟、喝酒，趁女孩醉酒后对女孩实施性侵害，或拍下女孩的裸照，强迫女孩卖淫。所以，女儿，还是尽量别与社会人员交往了！

遇到同学敲诈勒索怎么办

女儿，如果你看过"古惑仔""警匪"这类题材的影视剧，相信对于敲诈勒索现象就不会陌生。但实际上，敲诈勒索并不只是出现在影视剧中，它也真实地发生在我们身边，发生在校园内外。也许你班级里就有同学是敲诈勒索的受害者，也许你学校里就有同学敲诈勒索别人。下面跟爸爸一起看个案例，希望能引起你的重视。

2017年11月10日，郑州市某中学八年级住校女生小朱告诉哥哥：她所在的学校有一些学生勾结社会人员向她和另外一名学生要钱，如果不给钱，就要挨打。此前，小朱已经给过对方两次钱，虽然数额不多，但那都是她从每周的生活费中节省出来的。周日返校，小朱担心会被那帮人敲诈勒索，不敢去上学。

11月12日，父母和哥哥送小朱返校。快到学校时，小朱下车后独自朝学校走去，父母和哥哥开车悄悄尾随其后，密切观察。在距学校大门口约20米处，小朱被一个剪着短发、模样酷似男孩的女孩拦住，她身旁还有几个孩子也围了过来。那个女孩揪住小朱的衣服准备殴打她，小朱的哥哥见势不妙迅速下车，一把抓住那个女孩。

"就是她，多次勒索钱。"小朱说。

随后，父母和哥哥将那个女孩扭送至学校保卫室，并立即报警。

据小朱介绍，这几个人每次敲诈勒索时，都拿着一根棍子威胁受害者。受害者如果拿不出钱就要挨打，一旦有人说要告诉老师或家长，他们就会恐吓受害者说"弄死你"。

经了解，这帮敲诈者多次以威胁的方式敲诈了学校7名学生的钱财。

随后，敲诈者被当地分局的民警带走。

女儿，看完这个案例，你是否感到有些害怕呢？如果自己是被敲诈勒索的对象，想必内心会非常恐惧吧。爸爸能够理解这些孩子被敲诈时的心情，但是难道害怕他们，就一定要顺从他们吗？

很多女孩在学校遇到敲诈勒索时，一下慌了神，赶紧把钱给人家，免得挨揍。如果身上没钱，那可就倒大霉了，很可能被揍一顿。尤其是敲诈者又威胁说："如果你告诉老师和父母，那就有你好看的！"这种情况下，女孩就真的不敢告诉老师和父母了。殊不知，越是沉默顺从，对方越是变本加厉。

案例中的小朱就做得比较好，她虽然也害怕，但还是把情况告诉了父母和哥哥，最后在家人的帮助下，让敲诈者受到了法律的惩罚，也让更多的学生免受其害。

女儿，如果你遇到敲诈勒索，该怎么办呢？

1.机智冷静地与对方周旋、谈条件

女儿，面对敲诈勒索时，一定要保持冷静，只有冷静下来，才能机智地思考应对策略。首先，不要生硬地拒绝对方，否则很容易激怒对方，引来一场暴力伤害。当然，你也不能顺从地拿出钱财，否则，对方会觉得你胆小怕事，以后还会继续勒索你。

聪明的做法是，采用一些迂回的办法与对方周旋，这也是为了有时间看清对方的面部特征，以便日后指认。比如，用温和的语气跟对方商量："今天我没带那么多钱，可不可以明天再给你？"如果对方态度缓和了，同意你"延

后"交钱，那么你应该迅速离开，回家后马上把情况告诉父母和老师。如果对方态度很强硬，不同意你"延后"交钱，你也不必僵持着不给钱，毕竟人身安全是第一位的。你应当先把财物交给对方，赶紧脱离险境。

2.在确保安全的情况下逃跑

女儿，你把钱交出来以后，可以用余光环顾周围的环境，看是否有机会逃跑或向路人求救。如果附近有人，你可以一边大声呼救，一边向人多的地方跑，一般来说敲诈勒索者会闻声而逃。如果你无法确保自己的安全，比如周围没有人或对方人高马大，你明显跑不过他们，那么这种情况下爸爸不建议你逃跑，也不赞成你反抗，更不建议你当着歹徒的面声称要报警，以免激怒对方，给自己带来不必要的伤害。

3.事后要及时告知父母和老师

女儿，如果你遇到了敲诈勒索的情况，事后一定要及时告知爸爸妈妈和老师，爸爸妈妈和老师会替你报案。千万不要因胆小怕事而忍气吞声，因为你越怕事，越不敢声张，不法之徒就越嚣张。及时告知父母和老师并报案，不只是对你和其他同学的最好保护，还能及时制止不法分子在违法的道路上越走越远，更能给不法分子应有的惩罚和震慑。相信在爸爸妈妈、老师和公安机关的帮助下，可以快速打掉不法之徒的嚣张气焰，将有可能再次发生的敲诈勒索行为扼杀在萌芽状态。

4.不要随身携带太多现金

女儿，为了减少敲诈勒索给自己带来的损失，爸爸建议你平时上学尽量不要带太多现金，只需带少量的钱以备不时之需。这样一来，你就不容易被敲诈勒索者盯上。就算不幸被盯上，遭到敲诈勒索了，你也损失不了多少钱，而且还能降低再次被敲诈勒索的可能性。毕竟敲诈勒索者的目的是从你这里得到更多的钱，而当他们发现你不是"有钱的主儿"之后，自然就会放弃对你的继续敲诈。所以说，身上少带点钱从某种意义上说也是一种自我保护。

对任何校园霸凌说"NO！"

女儿，你知道吗？男孩之间发生矛盾，往往会直接表达出来，矛盾严重时才可能大打出手。而女孩之间不同，女孩生性敏感、易情绪化、易嫉妒，容易因鸡毛蒜皮的事情引发不愉快，而且这些不愉快往往比较隐蔽，不容易被感知。而面对矛盾冲突时，女孩往往不是通过心平气和的沟通去解决，而是喜欢背后说对方坏话，或拉帮结派去孤立、排挤对方，甚至通过当众进行言语嘲讽、人格羞辱、肢体攻击等方式来打击、报复。

2019年9月24日，网上传出一段河北保定某中学一名学生被欺凌的视频，该视频经网络传播后引发各界强烈关注。在这段长达1分26秒的网传视频中，一名身穿校服的中学女孩在众多学生的围观下，被几名女子连续猛扇耳光、用脚踢踹等，还有一名施暴者强行触摸被打女孩的隐私部位。女孩被打的整个过程中，不但没有人上前阻拦，还有人不时发出戏谑的笑声和起哄声。

记者从保定当地有关部门了解到，涉事学生均为当地一所中学的初二女生。事件发生后，学校立即进行调查处理，被打女生被送到医院检查，并被安排进行心理疏导。

　　女儿，看完这个案例，你是否感到震惊呢？你肯定没想到平日里那么温馨、和谐的校园，竟然会发生这么恶劣的暴力事件吧？事实上这并不是个案，近几年来，女生校园霸凌事件频发。2019年1月联合国教科文组织发布的《数字背后：结束校园暴力和欺凌》的报告显示：平均每7分钟就有一个孩子被欺凌，每天有16万孩子因害怕被其他学生攻击和恐吓而不敢上学。

　　而校园霸凌的受害者往往是"性格内向、温顺老实、朋友不多"的女生。这种暴力事件一旦发生，不仅会给受害女生的身体带来创伤，更会给她们的心理造成难以治愈的伤痛。在伤痛的重压下，有的女孩可能会产生轻生的念头，甚至做出自杀行为。

　　几年前发生的一个事件比较令人痛心：一位转学不久的女生受到同班女孩欺凌，班里的女孩甚至组建了一个聊天群辱骂、嘲笑该女孩。她在班级群里发消息却无人响应，于是她选择了自杀。

　　也许你会觉得那个女孩太脆弱了，不就是被辱骂几句吗？至于自杀吗？女儿，你知道吗？没有经历过校园霸凌的人，永远都体会不到那种痛苦和绝望。

　　试想一下，如果你被人当众打一巴掌，你会有什么感受？如果你被一群人围起来推搡、辱骂，你会有什么感受？如果你被一群人轮流扇耳光，又会有什么感受？如果打你的人一边打一边坏笑，旁边还有一群围观者，却无人上前阻止，你又会有什么感受？

　　也许你会疑惑，为什么被欺负的女生不敢反抗呢？甚至一声不吭，任人欺凌呢？爸爸告诉你，被欺凌者之所以不敢反抗，甚至不敢吭声，那是因为一个人势单力薄，反抗只会引起更强烈的攻击。而越是不敢反抗，越容易一而再再而三地被欺凌。这就是一个恶性循环。

　　那么，怎样打破这个恶性循环呢？主要的办法就是反抗和求助，要与不公的待遇抗争，与不幸的遭遇抗争。在这里，爸爸分享几条建议，帮你防止自己成为校园霸凌的受害者，或在遭遇校园霸凌时更好地应对。

1.结交一些正能量的朋友

女儿，校园霸凌的相关研究表明，那些喜欢独处、朋友不多的女孩更容易成为校园霸凌的受害者。所以，想要远离校园霸凌，最好的办法是撕掉"孤僻内向、沉默寡言""不爱交际、独来独往"等个性标签。

为此，你有必要结交一些充满正能量的朋友，如性格活泼开朗、热爱交际、爱运动、爱学习的同学，跟他们多交往会使你的性格更开朗，使你脸上的笑容更灿烂，使你的心情更舒畅，从而让你拥有强大的气场，让校园霸凌自动远离。再说了，当你身边总有几个好朋友围绕时，校园霸凌往往就没有了可乘之机。

女儿，想要结交正能量的朋友，爸爸建议你多看别人身上的优点，坦率地赞扬别人，让对方感受你的善良和豁达。当同学遇到困难时，你不妨给他们一些温暖的关心和帮助。长此以往，大家就会喜欢与你相处，你在很大程度上就能远离同学的排挤和伤害了。

2.被欺凌后不能忍气吞声

女儿，即使你人际关系不错，身边有几个有正能量的朋友，爸爸也不敢保证你一定不会成为校园霸凌的受害者。也许某天你不经意的一句话会引起别人的不满，也许你某一次放学回家落单会被霸凌者盯上，不幸地成为了霸凌的受害者。

女儿，遭遇校园霸凌后，你不要认为是自己的错，也不要觉得受点儿委屈，让对方消消气算了，更不能因害怕对方报复而息事宁人。要知道，忍气吞声根本不会令对方"消气"从而停止伤害你，反而会让对方变本加厉、肆无忌惮。因此，爸爸希望你及时告诉我们和老师，让我们了解事情的严重性，从而将校园霸凌者严肃处理。

3.掌握不被欺凌的硬实力

女儿，真正的强大不仅限于内心，还体现于硬实力。想让自己拥有不被欺凌的硬实力，你除了在学习上勤奋刻苦，在人际关系上与人打成一片，在体育锻炼方面也应该下苦功夫，比如经常跑步，强身健体，起码在被欺凌的时候可以撒腿就跑。再比如，学习跆拳道、截拳道等防身术，掌握自我保护的技能，必要时可以奋起反击，让霸凌者瞧瞧你的厉害，看谁还敢欺负你。

遭到老师批评、误会怎么办？

中国青年网曾报道过这样一则新闻：

2017年4月20日，湖南省邵阳市绥宁县某中学发生一起女生跳楼事件。该县政法委事故调查组调查发现，事情的经过是这样的：

4月20日，学校组织期中考试。初二女生龙某在第一场考试中作弊被发现，监考老师对其进行了批评教育。事后，班主任又对其进行了诚信考试教育。

没想到，第二场考试中，班上有同学发现龙某又有作弊嫌疑，并在考试后报告给班主任老师。龙某内心十分不安，于是留下遗言，并于14时突然从座位上站起，从教学楼5楼教室的窗户跳下去。

随后，120急救车赶至现场施救，后将其送往县人民医院急救。遗憾的是，龙某伤势过重，抢救无效死亡。

近年来，中学生因被老师批评而情绪激动、离校出走，甚至轻生、自杀的新闻屡见报端。不少家长对孩子的这种行为极为不解，认为被老师批评几句没什么大不了的，怎么那么想不开呢？而不少老师也感到困惑：我们的出发点都是为了学生好，学生怎么就不理解我们呢？

女儿，爸爸作为过来人，非常理解正处于青春期的你们的心理。这一阶段，你们的自尊心极强，很在意别人对你们的评价，尤其是老师对你们的评价。一方面，你们觉得被老师批评，是老师不喜欢你们的表现，这让你们心里很难受；另一方面，在大庭广众之下被老师批评时，你们会觉得没脸见人。尤其还有异性同学在一旁目睹，更会让你们感到形象受损，恨不得找个地缝钻进去。

更令你们难以接受的是，有时老师在没有搞清楚事情原委的情况下批评你们，让你们感到非常委屈。这时你们往往情绪激动，大声地反驳，拒不认错。有些孩子还会情绪过激、行为冲动，用愚蠢的行为以示反抗。比如，捶击桌子、用头撞墙、用刀子割手，甚至自杀，如跳楼、吞下过量药片，等等。

其实，对于老师的批评，作为学生的你应该用平常心来对待。因为在学习过程中，犯点错误被老师批评是难免的。这并不是老师不喜欢你或故意为难你，让你在同学面前出洋相。恰恰相反，这是老师爱你的表现，老师是在帮你改正错误，让你变得更优秀。

那么，被老师批评、误会时，你应该怎么办呢？

1.不要顶撞老师，而要自我反省

有些孩子被老师批评时，首先想到的不是自我反省，而是狡辩、找理由，甚至无礼地顶撞老师："你凭什么批评我，我不要你管！""我没错，你凭什么说我？"要知道，老师批评你肯定是有原因的，哪怕老师真的冤枉了你，你的顶撞也无益于解决问题，只会让老师的威严荡然无存，让老师觉得脸上挂不住，让老师更生气。

在这里，爸爸建议你在被老师批评时，一定不要顶撞老师，而要自我反省：老师为什么批评我？我到底哪里做错了？老师批评得对不对？当你顺着这个思路从自身找问题时，你的情绪就不容易冲动了，你也更容易发现自己的问题。

2.如果自己错了，就要勇于承认

当你通过自我反省发现确实是自己犯了错误时，那么你应该勇于向老师承

认错误，态度诚恳地说："老师，我错了，下次再也不敢了！"老师听你这么一说，心理上得到了满足，情感上占据了上风，一般会见好就收。同时，老师还会觉得你是一个虚心接受批评、知错就改的孩子，正所谓"孺子可教"。然后，老师很可能微微一笑，说："好吧，下不为例！"你看，这才是淡化批评所带来的负面影响的高招，你说是不是呢？当然，你不能只用嘴巴认错，更应该用行动来改错。正所谓："知错能改，善莫大焉。"改正了错误，下次不要再犯同样的错误。

3.即使被冤枉，你也没必要记仇

人非圣贤，孰能无过。老师不是圣人，有时可能未了解事情经过，不分青红皂白地批评你，让你感到很委屈。碰到这种情况，爸爸希望你做一个宽容大度的人，一笑而过，不必记仇。事后如果老师了解清楚事情原委，会向你道歉的，至少内心对你有点歉意。如果你心里过不去这个坎，爸爸建议你事后找机会向老师说明情况，为了证明你的清白，你还可以找知情的同学为你做证。这样也便于老师了解事情真相。

第三章

社会比你想得要复杂，一定要当心

女儿，相对来说，校园是一方净土，你们可以在这里安静地读书，尽情地展现自己的天真和单纯。然而社会却复杂得多，甚至还充满了各种陷阱和诱惑。当你走出校园时，一定要提高自我保护的意识，这样你才能有效避开一些危险和伤害。

任何情况下都不要吸烟、喝酒

女儿，不知道你对女人抽烟这件事怎么看，但有些人觉得，若论潇洒与好看，香烟与红唇更加搭配。在电影《西西里的美丽传说》中，性感女神莫妮卡·贝鲁奇吸烟的那一幕堪称经典。当她把香烟放入红唇时，周围所有的男性都抢着为她点烟。

可是爸爸认为，尽管女人抽烟的某个瞬间有性感迷人的地方，但爸爸不赞成女人抽烟，更不赞成青春期的女孩抽烟。"吸烟有害健康"，我想，这个道理人人都懂。对于女孩子来说，吸烟的危害更大，具体你可以看看以下几点危害。

危害1：容易致癌

香烟中含有很多致癌物质，女生因其特殊的生理特征，如果长期吸烟，很容易患上各种癌症，比如乳腺癌、宫颈癌、子宫癌等。美国《乳腺癌研究》期刊指出：吸烟能使女性罹患乳腺癌的概率增加35%。

危害2：导致月经失调

香烟中含有的尼古丁是一种慢性毒药，会减少性激素的分泌量，导致女性月经失调、经期紊乱。而青春年少的女孩吸烟，则很容易导致月经初潮推迟。

危害3：影响生育

女儿，如果女孩从青春期开始吸烟，一直持续到二十多岁结婚时仍然没有改掉这个坏习惯的话，那么将会严重影响她的生育能力。因为香烟中含有的尼古丁和多环芳烃会对卵巢功能造成一定的影响，还会对输卵管的绒毛运动产生影响，降低卵子的质量，从而降低怀孕的概率甚至造成不孕。

危害4：可致早衰

女儿，如果你留意一下身边长期吸烟的女性，就会发现她们的脸色往往是黯淡无光的，脸上皱纹也很多。而那些不抽烟的女性，皮肤相对来说红润有光泽。这是因为香烟中的焦油会使皮肤变得干涩，降低皮肤的弹性。同时，吸烟还会造成牙齿变黄、口气不清新等。因此，经常吸烟的女性容貌显得比实际年龄老得多。

危害5：引起记忆力减退

香烟燃烧时会产生一氧化碳，一氧化碳与人体血液中的血红蛋白结合后，极易造成大脑缺氧，从而使人出现注意力不集中、头昏头痛、思维迟钝、记忆力减退等症状。尤其是对于还是学生的你们来讲，造成的负面影响更大。

女儿，看到女性吸烟的危害了吗？正值青春期的你们身体还在快速发育中，如果在这个阶段吸烟的话很容易影响生理发育，对健康造成严重的危害。再者，女孩小小年纪就抽烟，会让周围的人感觉"这孩子不学好"，从而影响你的形象，还容易被社会闲杂人员视为"同类"从而盯上。因此，爸爸希望你任何情况下都不要吸烟，哪怕朋友聚会时别人出于礼貌递给你一支烟，你也要礼貌地拒绝。

女儿，除了希望你不要吸烟，爸爸还希望你不要喝酒。爸爸看过很多女孩醉酒后被陌生男子性侵、拍裸照威胁的新闻，每每看到这类新闻都感到特别痛惜，同时又觉得这些坏人真是太可怕了，爸爸希望这样的噩梦永远不会发生在你身上。

2015年3月6日晚上9点，甘肃省陇南市武都区一村民成先生报警称，16岁的女儿小成头天晚上彻夜未归，3月6日下午被家人在武都区某酒店找到。小成告诉

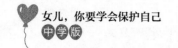
家人，自己醉酒后醒来，发现所穿的内裤不见了，她怀疑自己可能遭到了强奸。得知此事，小成的爸爸成先生立即报案，要求公安机关调查处理。

接到报案后，武都区警方立即进入现场勘查，民警发现现场与受害女孩描述一致，宾馆房间内有大量的空啤酒瓶，通过调取宾馆监控录像发现，受害女孩在3月5日晚上10点与两名年轻男子一同入住宾馆。与此同时，民警在宾馆床铺下面找到受害女孩被撕破的内裤。种种迹象表明，女孩小成遭到强奸的情况属实。

3月6日晚上10点左右，民警在某招待所内将犯罪嫌疑人桑某抓获。经审讯，桑某对自己的犯罪事实供认不讳。原来，桑某与受害女孩小成是小学同学，平时关系较好。2015年3月5日，他和朋友在武都区玩耍时，打电话约女孩小成出来玩。当晚突降大雨无法返回，于是三人就近找了家宾馆住下。

第二天上午9点，桑某和朋友醒来后商量用啤酒将小成灌醉，然后实施强奸。随后，他们买来一箱啤酒，并以玩扑克谁输了谁喝酒为由，合起伙来欺骗小成喝酒。从未喝过啤酒的小成在几瓶啤酒下肚后，很快就醉得不省人事。随后，桑某和朋友对其实施了强奸。

女儿，你知道吗？酒是居心叵测的男人猎取少女惯用的手段，他们挖空心思把你约到饭桌上，然后不厌其烦地劝你多喝几杯，一旦你的理智被酒精战胜，你就会被他们掌控。

而醉酒是性侵的帮凶，女孩一旦醉酒，离遭遇性侵也就不远了。所以，避免遭遇性侵的最好办法之一就是不喝酒，任何场合、任何时候、任何人劝你都不要喝。只要你保持清醒，提高警惕，坏人就很难得逞。

喝酒除了容易遭遇坏人侵犯之外，还有以下危害：

危害1：有损形象

女儿，像你们这些青春期的孩子，大多数是不胜酒力的。小酌一口就可能晕头转向，多喝几杯就可能醉得不省人事。醉酒之后，还有可能胡言乱语、耍酒疯，或者狂吐不止，弄得满地狼藉，这会让你平日的小淑女形象大打折扣。

危害2：影响智力

酒的主要成分是酒精和水。饮入大量的酒精能麻痹人体的中枢神经，对大脑皮层造成不良影响，导致注意力、记忆力下降，长期饮酒还会使思维变得迟缓，甚至造成智力减退。

危害3：易患肝脏、肠胃疾病

酒精在人体内的分解代谢主要通过肝脏来完成，大量饮酒会加重肝脏的负担，容易导致肝脏疾病。另外，酒精进入人体后70%经胃吸收，25%经十二指肠吸收。所以，短时间内大量饮酒必然会对肠胃造成伤害，甚至引发相关疾病。

远离酒吧及其他娱乐场所等"是非之地"

女儿，每当提起酒吧、KTV之类的娱乐场所，爸爸马上就会想到"鱼龙混杂"这四个字。因为这些场合什么样的人都有，这些人什么样的目的都有。有些人是单纯去喝酒、唱歌、跳舞，释放压力的；有些人则动机不纯，想趁女性喝醉达到自己不可告人的目的。因此，很多娱乐场所是非常混乱的。

楚天都市报曾接到多名家长反映，说当地灯红酒绿的酒吧内，经常有中学生出入。于是，记者暗访了多家酒吧，确实发现一些中学生混迹于酒吧。

在一家酒吧门口，记者注意到一名稚气未脱、一身学生打扮的女孩。她拿着一部贴满卡通画的手机，用一口武汉话大声接电话："学校明天早上7点半要搞升旗仪式，今天晚上我玩不了。"

挂断电话后，她径直走入酒吧。记者跟随其后，发现这名女生在一个卡座坐下，身旁还有两男一女，年龄与她相仿。落座后，他们一边大声嬉闹，一边玩起骰子游戏，并不时举杯畅饮……

停靠在酒吧附近的一名出租车司机说，每到周末晚上12点左右，他总能在酒吧门口载上醉酒的男女学生。有些学生烂醉如泥，上车后呕吐不止。有时他只好联系学生家长，才能将醉酒学生送回家。

醉酒女生碰到好心的出租车司机是一种幸运，碰到图谋不轨的坏人可能性更大。女儿，你知道吗？针对这些醉酒女孩，现在还产生了另一种坏人，他们专门在深夜时分徘徊于KTV、酒吧等娱乐场所门口，看到一些酩酊大醉、不省人事的女孩子后，就将她们带走。接下来有多危险，你不难想象吧！

女中学生本身充满青春之美，如果再穿得性感暴露一点，就很容易被酒吧里的坏人盯上。他们往往会以"交个朋友吧""请你喝一杯"为由与你搭讪、接触，以"灌醉你，让你失去理智"为目的来设陷阱，最终对你实施性侵害。

在娱乐场所玩乐除了可能被坏人伤害之外，还会影响你们这些孩子的人生观。社会上的一些人平时看着很文静，可是到了酒吧、KTV等娱乐场所，在音乐和酒精的作用下，立马展现出疯狂的一面，他们摇头晃脑跳舞，歇斯底里唱歌，甚至醉酒后情绪大变。如果你经常出入这些场合，久而久之，就很容易被他们病态的人生观影响。

女儿，爸爸希望你了解酒吧、KTV等娱乐场所的可怕之处，尽量远离这些地方。一般情况下，爸爸相信你不会主动去这些地方，但是如果同学约你去，你该怎么办呢？对于这个问题，爸爸给你几条建议：

1.尽量拒绝去娱乐场所的邀约

女儿，很多孩子去娱乐场所是受到了同学或朋友的邀请，见大家都去，他们不好意思不去。如果你遇到这种情况，爸爸建议你尽量拒绝，不必不好意思。你可以说："我晚上有事去不了！""我不喜欢那种吵闹的地方！"因为娱乐场所这种是非之地隐患太多，除了前面讲的醉酒后遭遇性侵之外，还可能出现醉酒闹事引发的暴力事件，爸爸还担心你交上不良的朋友。所以，女儿，这些地方能不去就别去了。

2.去娱乐场所要注意自我保护

如果好朋友举办生日聚会，邀请你去酒吧、KTV等娱乐场所，你觉得这是一次交流的好机会，不想错过的话，那么爸爸建议你做好以下几点：

（1）不要穿着暴露。

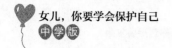
女儿，就算你和多位同学去酒吧、KTV等娱乐场所，也不要掉以轻心。虽然爸爸知道女孩子天生爱漂亮，你也不例外，但在娱乐场所还是尽量不要穿短裤、短裙或过于暴露的衣服，以免引起不怀好意者的邪念。

（2）看管好自己的饮料。

女儿，即使你和同学们去娱乐场所，即使大家举杯相庆，想尽情地放松，爸爸也不希望你喝酒。你可以以茶代酒、以水代酒，或以饮料代酒。而且整个过程中，要看管好自己的饮料，如果离开座位，回来后就别喝刚才剩下的饮料了，以防备图谋不轨者下药。

（3）提防朋友的"朋友"。

女儿，如果你朋友带着朋友一起赴约，那你有必要提防对方。因为虽然你了解自己的朋友，但朋友的朋友你不了解。在现实生活中，有很多女孩遭受侵害都是由于朋友的"朋友"从中使坏。

珍爱生命，远离毒品

女儿，青春期是一个人生理、心理发育的关键时期，这个阶段的孩子好奇心和叛逆心都比较强烈，但辨别是非的能力又很弱，因此很容易受到坏人的诱骗从而沾染毒品。

2019年7月7日，江苏省南通市某地14岁女孩小徐跟着朋友谈某离家出走，在安徽省境内某高速服务区内被追踪而来的小徐父亲找到。随后小徐父亲报警，公安机关介入调查后，竟然发现案中有案，并一举揪出一个9人的吸毒团伙。

原来，小徐是经人介绍与谈某认识的。在谈某的引诱下，小徐第一次吸食冰毒。吸毒后的小徐精神亢奋。她害怕回家后被父亲发现，于是让谈某带自己离家出走。

谈某在江西某地工作，他驾车带着小徐从南通前往江西，在途经安徽某服务区休息时，被小徐的父亲找到。

后来，民警在谈某的车内查获用于吸食毒品的工具，并从他的毒品来源入手，查出背后的吸毒团伙，最终将9名犯罪嫌疑人一网打尽。

女儿，毒品这个词，相信你并不陌生，但关于它的危害你知道多少呢？很

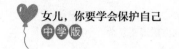

多吸毒人员对毒品的体会是："一朝吸毒，十年戒毒，一辈子想毒。"由此可见，人一旦吸毒，就会陷入毒瘾的泥沼无法自拔。所以，千万不要因为好奇或为了寻求刺激去尝试毒品。

女儿，毒品使人成瘾的同时，对人体的危害也是超乎你想象的。每年6月26日是"世界禁毒日"，其中有一句宣传语广为流传，那就是"珍爱生命，拒绝毒品"。从这句宣传语中你就能感受到毒品的可怕。

首先，毒品会严重摧残人的身体。吸毒不但会破坏身体的生理机能，还会导致机体免疫力下降，进而引发多种疾病，如果吸食毒品过量还很容易造成突然死亡。

其次，毒品会严重扭曲自己的人格。当毒瘾发作时，吸毒者大多会不顾廉耻、丧失自尊、好逸恶劳、六亲不认。有些吸毒者为了向父母要钱买毒品，完全丧失理智和基本的人伦道德，连亲生父母都伤害。

再次，吸毒还容易引发自残、自杀等行为。毒瘾发作时人会感到非常痛苦，整个人不受自己控制，甚至会做出自残和自杀的行为。

2016年的一天，四川省遂宁某中学一女生吸毒后出现幻觉，不停地拉拽自己的头发，还用剪刀戳自己的头部，导致满脸鲜血，场面相当恐怖。与此同时，她还向路人要打火机声称要烧死自己。后来有人报警，警察赶到后将她送往医院急救。

还有，吸毒容易感染艾滋病。一些吸毒者在使用静脉注射吸毒时，往往是多人凑在一起共用一支注射器，这极易导致艾滋病的交叉感染。同时，吸毒者在毒品的影响下，性行为十分混乱，也很容易交叉感染艾滋病。

另外，吸毒对于一个家庭的经济打击也是非常大的。吸毒者无论家境多么富有，最后都会"坐吃山空"。因为吸毒者会想尽办法花光家里的所有积蓄，积蓄花完后，就会设法变卖家产，再借遍亲友，最后甚至出现男盗女娼等其他违法犯罪的现象。综上所述，毒品不仅会摧毁自己的身心健康，还会破坏家庭，败坏社会风气，扰乱社会秩序，制造社会问题。所以，女儿，无论如何都不能接触毒品，也不能因好奇或为了寻求刺激而吸毒。在这里，爸爸希望你能注意以下两点。

1.远离人员复杂的场所

女儿，你知道吗？有相当一部分人染上毒品，与他们喜欢出入人员复杂的场所有很大的关系，这些场所包括酒吧、KTV、夜店，等等。像你们这么大的孩子在灯红酒绿、推杯换盏、烟雾缭绕的昏暗环境中，很容易被图谋不轨者"下套"，如被人在饮品里放入毒品，在毫无防备的情况下被迫吸毒；在醉酒的情况下，被强行注射毒品，等等。所以，一定要远离人员复杂的场所。如果不得不出入这类场所，也要尽量少喝里面提供的饮料、酒水；离开座位时，最好有人看守饮料、食物，否则回来后不要再喝（吃）剩下的饮料（食物），以防有人在饮料、食物上做手脚。

2.对诱惑保持高度警惕

女儿，你要记住：当别人拿着一些东西给你吸食，并说这些东西能给你带来多么美妙、多么舒服的感觉时，你一定要立刻警觉起来，坚决拒绝。无论这个人是你的朋友，还是你朋友的朋友或者陌生人。因为那些东西很可能是一个诱饵，一旦你像鱼儿一样上钩，就无法再掌控自己的命运。同时，爸爸在这里也要提醒你，一定要交品行端正的朋友，切勿和你不了解的社会人员交往过密，否则有可能被他们"拖下水"。

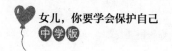
不小心坐了黑车、黑摩的，怎么办

近年来，全国各地不时曝出年轻女孩搭乘黑车、黑摩的失踪、遇害的新闻。花季少女原本朝气蓬勃，却在最好的年华画上了生命的休止符，实在令人悲愤和惋惜。女儿，不知你是否注意到，这些案件有一个共同点，那就是出事女孩乘坐的多数是"黑车"。所谓黑车，就是没有正规运营资质的私家车、私人摩托车等交通工具。这样的话黑车司机就逃避了一些法律监管，有了更多的侥幸心理。

首先，有的黑车没有正规牌照，行驶在路面上往往没有违章的顾虑，特别是黑摩的。为此，他们很可能闯红灯或见缝插针地穿行于车流不息的大街小巷。因此，发生交通事故的概率大增。而一旦发生交通事故，黑车、黑摩的司机可能会丢下乘客逃跑。

2014年9月，温州市平阳县一位18岁女生小包，在乘坐一辆无牌三轮摩托车时发生交通事故，摩的司机丢下受伤的她跑了。小包额头血流不止，在路人的帮助下到平阳县中医院包扎，缝了8针。直到朋友赶到医院，她才想起报警。可是面对民警的询问，小包既不记得三轮摩的的颜色与特征，也说不清事故现场在哪儿，因为她上车后一直在低头玩手机。

女儿，如果说乘坐黑车、黑摩的发生交通事故，擦破了皮、流点血或被黑车、黑摩的司机抢了钱财事小，那么被心怀不轨的黑车或黑摩的司机性侵、杀害，那问题就非常严重了。特别是像你这个年纪的女孩，比较容易被视为作案目标。

黑龙江电视台报道了这样一个恶性事件：

2016年11月1日，黑龙江兰西县某校初一女生小兰放学后搭乘黑车时，被该黑车司机强行带到一处坟地强奸。晚上8点多，女孩才回家。在家长的再三询问下，小兰才说出了可怕的经历。第二天上午，小兰的父母带着她到当地派出所报案。

据小兰介绍，她并不记得犯罪嫌疑人的姓名和长相，只知道他是个瘸子，开的是一辆红色的QQ车。民警根据小兰的描述判定，这是一辆黑车。经过多方侦查和走访，11月3日，警方将犯罪嫌疑人程某抓获。

程某的一时恶念，给花季少女小兰的人生抹上了可怕的阴影。这个案例再次提醒我们：不要随便搭乘黑车、黑摩的，因为它潜藏的风险太大。

女儿，出门在外时，为了保证自己的安全，尽量不要乘坐黑车、黑摩的。特别是在人流量大的火车站、汽车站等地，黑车载客现象屡见不鲜。但是，女儿，再着急都不要选择黑车，这些地方正规出租车也比较多，因此你要优先乘坐正规出租车，哪怕价钱贵一点也无所谓，安全永远放在第一位。

当然，如果周围没有正规出租车，你不得不乘坐黑车、黑摩的到达目的地，或你没有分辨出黑车，不小心坐上了黑车，该怎么保护自己呢？

1.上车前将车的车牌号或整体照拍下并发给家人或朋友

女儿，万一不得已乘坐了黑车、黑摩的，你最好在上车前用手机拍一下车的整体照片，特别是要记下车牌号，然后发给家人或朋友。如果你乘坐的是没有车牌号的黑摩的，你也应该拍照留下车的外形特征，最好连同司机一起拍

下来。如果司机不让你拍，要求你删掉照片，那你不妨删掉，但千万别坐他的车，也不要与其发生争执。另外，如果没有手机的话，可以用随身带的纸和笔记下车牌号。

2.打开手机导航软件，有异常情况要及时报警

女儿，如果你去陌生的地方，那么你上车后最好打开导航软件，以确保司机正确开往目的地。当发现行车路线异常时，要询问司机原因。例如可以这样说："为什么走这条路？"若发现司机鬼鬼祟祟，你可以要求他停车。如果司机不配合，依然向前行驶，甚至加快车速，那你不要犹豫，立即报警。

为了防止激怒黑车、黑摩的司机，你在报警时最好别让他发现，报警后也不要与警方直接对话，你只需说出你的恐惧，你在哪里，乘坐什么车。警察听了就会明白你遇到了危险，即便你随后关机了，警方也会通过手机信号锁定并尽快找到你。

3.不要暴露个人信息和身上的贵重财物

女儿，即使上车后一路平安，你在闲谈之中也不要向黑车、黑摩的司机透露你过多的私人信息，如家庭住址、家庭经济情况、所在学校等。另外，在付车费之前，你最好提前准备好零钱，而不要在到达目的地时打开书包或钱包，从中拿出大面额的钞票给对方，以免对方看到你随身携带的财物，突然起了歹念。

4.面对陌生司机或乘客，不要锋芒毕露

女儿，当你外出不小心坐了黑车、黑摩的时，面对陌生的司机或同车的乘客，切忌锋芒毕露。比如，闲聊时争论某个问题，或说话语气不好，评价别人时用词太刻薄等。这些行为都容易激怒别人，给自己带来不必要的麻烦。

怎样安全地乘坐出租车、网约车

女儿，上一节我们讲了黑车、黑摩的的危险性，你可能会问："是不是乘坐正规的出租车、网约车就安全了呢？"在回答这个问题之前，我们还是先看一个案例吧！

2016年10月19日晚，湖北武汉一名女孩小杨因下班太晚，没办法乘坐公交车回家，只好用手机叫了一辆网约快车。上车后，行驶没多久，小杨发现路线不对。她向司机提出疑问，没想到司机张某掏出一把枪（事后警察调查发现，这是一把仿真手枪）对准她，叫她不要乱喊乱叫。

随后，张某开车把小杨带到了一处偏僻的地方，并恐吓她说："我是杀人犯，你想活命的话就乖乖听话。"小杨吓得不敢声张，老老实实按照张某的要求，把手机里的2.5万元钱转账给他。之后，张某对小杨实施了强奸，并拍下其裸照，威胁她不要报警。否则，就将裸照散布到网上。

小杨没有屈服于张某的淫威，下车后果断选择了报警，最后公安机关将张某绳之以法。

女儿，你知道吗？网约车的快速发展，给人们带来了不少便利，同时也带

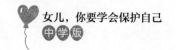
来了一些不确定的危险。乘坐网约车有危险，乘坐正规的出租车也不例外。近几年来，年轻女孩因独自乘坐网约车、出租车发生悲剧的案例屡见不鲜。

那么，为什么网约车、出租车案件的受害者绝大多数是女性呢？这是因为，面对凶相毕露的陌生司机，女性因抵抗能力弱，完全处于劣势，所以很容易被侵害。但这并不是说出租车、网约车不能坐，毕竟多数出租车、网约车司机还是好人。而且，如果你能多一份警惕，多一点自我保护意识和自我保护技巧，也可以在很大程度上避免伤害。

我们再来看一个案例。前两年曾发生过这样一个案件：

高三女学生齐齐高考完后，去外面游玩，然后打出租车回家。上车后，她坐在了副驾驶位置上。途中，司机不停地和她聊天，说话间还把手放在她的大腿上，而且还不断地把手往她大腿内侧滑。在此期间，司机故意放慢了车速。

齐齐特别害怕，但她强装镇定，不作反抗，为的是避免激怒司机，引起司机更过分的行为。与此同时，她拨通了同学的电话，边和同学聊天，边偷偷录下了司机骚扰她的视频。

到达目的地后，齐齐报了警。很快，司机就被抓住。

女儿，齐齐的经历是不是有惊无险？我们在庆幸她没有受到更大伤害的同时，也能从她的经历中学到几点关于安全乘坐出租车、网约车的技巧：

1.不要穿得过于暴露，也不要坐在副驾驶位置

女儿，炎炎夏日，你们女孩子是不是喜欢穿得清凉一些？比如穿超短裙、短裤，露出细嫩、洁白的大腿。如果这样着装，坐在出租车、网约车的副驾驶位置上，难免不会引起男司机的色念。案例中的齐齐就犯了这样的错误，她穿什么衣服我们不得而知，但她坐在副驾驶位置上，这给出租车司机提供了骚扰她的便利条件。

试想一下，如果齐齐坐在后排，司机还有机会一边开车一边把手放在她的大腿上吗？所以，女儿，乘坐出租车、网约车时，你要注意自己的着装，并优先选择坐在后排座，尽量不给司机伤害你的机会。

2.上车后与家人或朋友联系，说明自己的乘车情况

女儿，你上了出租车或网约车后，要记得和家人或朋友联系，除了把车牌信息发给我们，还要告诉我们你在哪里上的车，大概多长时间下车。而且要保持手机畅通，可以随时与家人进行联络。爸爸还要提醒你，乘车时不能一直低头玩手机而不注意沿途的路况，以防出租车、网约车司机把你带到陌生的地方，而你却浑然不知。

3.遇到危险要先稳住对方，再伺机逃脱、报警

女儿，如果你不幸遇到了不怀好意的司机，处于危险之中，你也不必惊慌失措。看看上面案例中的齐齐，在遇到危险时，她通过"装作若无其事"的方式稳住了出租车司机，然后再偷偷拍下对方的不轨行为，这样既能够有效保护自己，也能为警方立案提供证据。

女儿，在这里爸爸还是要提醒你一句：生命比什么都重要！在此前提下，你可以通过聊天先稳住对方的情绪，再偷偷地发信息给家人或朋友，让他们帮你报警。你还可以借口"肚子不舒服，想上厕所"或"口渴了，想喝水"等，要求司机停车，然后找机会逃脱。

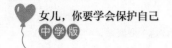

不与家人之外的其他人去旅行

女儿，如果爸爸问你："你是希望和家人一起去旅游，还是希望和朋友一起去旅游？"你怎么回答呢？也许你会说："和家人出去玩多没意思，和朋友出去玩才自由！"有这样想法的女孩可不在少数，尤其是你们这个年纪的女孩，随着年龄的增长，你们不想总活在爸爸妈妈的眼皮底下。你们觉得只有和朋友去旅游，才放得开，才快乐，这样的旅游才有意思。

青春期少男少女喜欢结伴旅游，去往不同的城市，感受不同的风景，体验不一样的人文气息，品尝不同于日常的美食，这是很正常的事情。但是女儿，你知道吗？跟谁一起去旅游，这可要慎重选择。如果一不小心，跟一只甚至多只"披着羊皮的狼"去旅游，那这次旅程可就凶多吉少了。

2019年3月3日，江苏省镇江某学校16岁女孩小丹和前男友杨某以及另外3名朋友相约到河南某地旅游。3月6日，在旅游结束的前一天晚上，几个朋友吃饭的时候有人建议喝点白酒助兴，小丹从未喝过白酒，两杯下肚就醉得不省人事。

第二天，小丹回到家，前男友发微信说手中有她的裸照，并伙同另外一位有犯罪前科的嫌疑人以裸照胁迫她从事卖淫活动。如果她不答应，他们就会把裸照上传到网上。那么，裸照到底是怎么回事呢？显然是那天晚上小丹喝醉后被拍的。

小丹没有屈服，马上选择了报警。3月8日，当地警方将杨某等人抓获，并在杨某的电脑里找到了拍摄裸照的证据。

女儿，看完这个案例，你是否惊出一身冷汗呢？小丹是不幸的，和朋友一起旅游却被拍裸照威胁；小丹又是幸运的，因为那几个朋友并未对她进行性侵害。当然，小丹还是机智勇敢的，面对威胁时毫不妥协，马上报警，最后在公安机关的帮助下将坏人绳之以法。

女儿，这个案例告诉你，不要随便与家人之外的其他人去旅游，哪怕他们是你的朋友，在你还不够了解他们之前，保持戒备之心是很有必要的。就算你了解自己的朋友，与你同行的朋友的朋友你了解吗？女儿，也许你的朋友对你并无歹念，但是他可能在其朋友的蛊惑、怂恿下对你做出伤害行为。因此，你不得不防！

倘若是去野外旅行，潜在的风险就更大了。要知道，在荒郊野外，人烟稀少，手机信号差，这种环境既适合坏人作案，又容易发生意外事故。比如，被毒蛇、虫子咬伤，被马蜂蜇伤，或爬山时不慎摔伤、跌落深坑等。所以，去野外旅行更要谨慎。

如果有一天，你自己很想和朋友出去旅游，或去野外旅行，那该怎样保护好自己呢？

1.至少约上一位靠谱的朋友或熟人同行

如果你想去旅游或去野外旅行，至少应该约上一位靠谱的朋友或熟人同行。所谓靠谱，就是你对对方比较了解，对方为人正直、内心善良，不是那种心有恶念之人，值得信任。与这样的朋友或熟人结伴出游，你就会得到可靠的照应，遇到意外情况时你可以和他商量对策，相互帮助，排除困难，脱离险境。

2.切勿独自行动，要跟着团队走

现在很多地方都有跟团旅游，大家在微信群、QQ群报名旅游，按约定的时间、地点乘车，前往旅游景点玩，再一起乘车返回。如果你参加旅游团，那

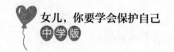
么在游玩的时候一定要跟着团队走，切勿随意单独行动，去到人际罕至的偏僻地带活动。特别是晚上安营扎寨，最好把帐篷搭在队伍的中间，这样才能大大保证你的安全。

另外，一定要存下领队的电话，万一和团队走散了，你可以拨打领队电话。领队一般对景点比较熟悉，应急处理能力也比较强。当你和团队走散时，他可以给你出主意，比如走什么路线、到什么地方集合。这样就便于你重新找到队伍了。

3.旅游过程中不要随意结交朋友

旅游，尤其是跟团旅游，不仅是出门散心、增长见识的好机会，也是结交朋友的好机会。但在结交朋友时，一定要擦亮眼睛，不要轻易被对方的容貌、谈吐和一些小恩小惠蒙骗，从而结识坏朋友。比如，见对方帅气或漂亮，举止谈吐彬彬有礼，还给你一些食物、水等，你就觉得对方很会照顾人，然后就放松警惕，对其掏心掏肺，甚至在对方的带领下去往陌生的地方。这样是很危险的。

女儿，爸爸最后想提醒你：如果想增长见闻和知识，你也不一定非得去外地旅游、去野外旅行，你可以去博物馆或展览馆看展览，或去图书馆看书。如果你真的想去外地旅游，去野外旅行，可以等爸爸妈妈放假时陪你一同前往，以便给你最好的保护。

助人为乐要多个"心眼儿"，当心掉进坏人的陷阱

在韩国电影《素媛》中，一位天真可爱的小女孩帮助一位"叔叔"撑伞，结果被骗至僻静之处，遭残暴性侵，最终导致终身残疾，一辈子都只能借助便袋生活。女儿，这种因助人为乐而掉进坏人陷阱中的案例并不只是出现在电影中，在现实生活中也并不少见。

2013年7月，黑龙江省桦南县发生了一起恶性案件：

孕妇谭某在街上遇到16岁少女小萱，她以身体不舒服为由，请求小萱送她回家，并成功骗取小萱的信任。小萱将谭某送到家，谭某殷勤地和她聊天，还将丈夫事先准备好的迷药放入饮料，让小萱喝下。小萱喝下饮料后昏迷不醒，谭某的丈夫便对小萱实施性侵（因其他原因未遂）。事后，谭某和丈夫害怕被人发现，便将小萱杀害，并用皮箱将她的尸体带出后掩埋。2013年7月28日晚，警方破获此案，抓获犯罪嫌疑人谭某及其丈夫。

女儿，助人为乐是中华民族的传统美德，善良待人是我们做人的根本。可是助人为乐不等于没有任何防备之心，不辨是非，任人利用。要知道，善良的人太容易被利用，单纯的人太容易被哄骗，爸爸希望你心地善良、心思单纯，

也希望你睁大眼睛，能够看到笑容背后的阴谋。在此，爸爸给你几点建议。

1.保持理智，并非所有的人都需要你帮

女儿，善良要有自己的底线，并不是所有的人你都该帮。比如，一些比你强壮多倍的成年人让你帮忙，有手机导航的人却让你带路，四肢健全的人向你乞讨……试问，这样的人需要你帮吗？值得你帮吗？不需要，不值得，因为他们完全可以自己解决问题，那为什么还要向你求助呢？很可能他们好吃懒做、别有用心。所以，对待这种求助你一定要保持理智，不要轻信，也不要轻易去帮，而要足够警惕。

2.擦亮眼睛，识别虚假的"弱势群体"

女儿，有些人会利用"弱"来伪装自己，比如，前面案例中的孕妇，"受伤倒地"的老大爷、老大妈，当他们向你求助时，你一定要擦亮眼睛，这是为了分辨对方到底是真"弱"，还是假"弱"。这一点可以从他们的言行举止各方面去判断。比如，一个老奶奶身体不舒服，让你扶她回家，但你看她表情并没有流露出痛苦，那你就要小心了。再比如，一个老大爷倒地不起，叫你上前去扶他。那你也要分辨真伪，如果分辨不出来，不妨叫路过的大人来帮忙，或直接拨打报警电话，这样做才是最安全的。万一老大爷真是疾病突发，也能给他最好的帮助。

3.帮人指路，拒绝带路

女儿，有些人向你求助，希望你能指路，可是有些人不仅希望你指路，还想要让你带路。这种情况下，你就要拒绝为对方带路。比如，有的人一开口就对你说："小姑娘，你知道××路怎么走吗？你能带我去吗？"这时你一定要学会拒绝，千万别不好意思。拒绝的方法有很多，你可以说："对不起，我要赶时间去学校上课呢！""我爸爸在那边等我呢！你还是找别人帮忙吧！"然后转身离开。

4.与陌生的求助者保持一定的距离

女儿，当遇到陌生人向你求助时，你最好与对方保持一个合适的距离，以便于危险发生时，你能安全逃离。如果陌生人靠近你，你要躲得远远的，不要给对方伤害你的机会。

2014年1月7日早上，湖南省常德市某校两名女孩结伴上学。当她们走到半路时，一个身穿蓝色羽绒服、头戴黑色绒帽的成年陌生男子叫住了她们："小朋友，你们知道××广场怎么走吗？"

两名女孩热情地给陌生男子指路，但男子听后说："是这样，我对路不熟悉，反正现在还早，不如你们俩带我一起去吧！"两名女孩坚定地拒绝了，正准备离开时，陌生人迅速抓住两名女孩，准备将她们强行拉过马路。

面对这样的突发情况，两名女孩并没有慌张。她们先乖乖地跟着陌生男子走，行至路边一家宾馆门口时，其中一个女孩突然对着宾馆大声呼救。陌生男子见势不妙，迅速逃走。两名女孩终于脱险。

女儿，这个案例告诉我们：在遇到陌生人求助时，保持一定的距离是很有必要的。如果当时两名女孩与陌生男子保持一定的安全距离，那么也不至于轻易被对方抓住。另外，万一被坏人控制，不要急于反抗，最好找机会呼救，这样更容易逃脱危险。

第四章

对待陌生人，你不能太单纯

前些年曾有一部热播电视剧叫《不要和陌生人说话》。女儿，你知道为什么不要和陌生人说话吗？因为陌生人相对于熟人而言，有很多未知和不确定性，你不了解对方，不知道对方是不是坏人，不知道对方对你有什么企图。所以，对待陌生人不能太单纯，对陌生人太单纯就是对自己的安全不负责任。

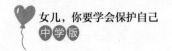
谨慎地对待陌生来电

　　女儿，现在很多中学生都有自己的手机，有手机就难免会接到陌生来电。对陌生来电，你是怎样看待的？又是怎样处理的呢？会不会对电话那端的人充满好奇，想了解对方是谁，想搞清楚对方怎么知道你的号码，甚至觉得对方有趣，想和他交朋友呢？

　　在这里，爸爸只好先给你"泼盆凉水"了：可别天真地以为电话那头的人也和你一样善良。因为对方可能是一个"大骗子"，如果你毫不设防，轻易相信，那迎接你的可能是一场厄运。

　　2015年7月8日，上海市闵行区的杨女士报警称，自己上高中的女儿被绑架了。绑匪打来勒索电话，要求他们向一个银行账户汇款30万元才肯放人。

　　接到报案后，民警马上通知刑警部门对来电号码和银行账户展开调查。在多方努力下，警方得知杨女士的女儿小王在江苏常熟某长途汽车站内，于是立即赶赴当地，将小王平安带回上海。

　　通过了解，警方终于明白事情的原委：

　　原来，小王当天在家里接到一个陌生电话，对方报出了她的姓名，并声称警察从小王的一个快递里查出多张身份证，怀疑她涉嫌洗黑钱，现在正式通缉她。

小王想证明自己的清白，于是按照骗子的指令坐车前往江苏，并关掉了手机。

与此同时，骗子利用一种改号软件向小王的家长拨打勒索电话，使他们的电话显示为小王的电话。而当小王的家长回拨小王的电话时，小王的电话是关机的。这样小王的家长就很容易相信骗子的阴谋，犯罪分子以此实施诈骗。

女儿，在今天这个信息时代，我们的手机号码、个人信息很容易泄露出去。因此，接到陌生来电是很正常的，但一定要提高警惕。陌生来电一般有这样几种情况，针对不同的陌生电话处理方式应有不同：

情况1：陌生人错打、误打的电话

女儿，日常生活中，人们打错电话是很常见的，比如，对方给某人打电话时输错了号码，正好拨通了你的手机。

应对策略：

女儿，接到这种电话后，你不必过分紧张，更不要草木皆兵。你只需在不透露个人信息的情况下和对方简单交流，问对方："你是谁？你找谁？"当发现你并不认识对方，对方要找的人也不是你时，你应告诉对方："对不起，你打错了！"听了这话，正常情况下对方会马上挂掉。

如果对方不挂掉，还和你闲扯，那你就要小心了，这种情况下对方可能是借着打错电话的名义来搭讪你，别有用心。因此，你应该尽快挂掉，以防上当受骗。

情况2：熟人用陌生号码打来的电话

女儿，熟人用陌生号码打来电话，这种情况也比较常见。比如，手机没电了，借朋友的电话给家人拨打电话；手机丢了，找个公用电话或借路人电话给家人说明一下。

应对策略：

女儿，接到这种陌生电话后，正常情况下，对方一般会自报姓名，还可能主动说明情况，告诉你："我是×××，我手机……"如果对方不说明情况，

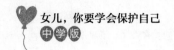

你可以问："你怎么用陌生号码打我电话？"如果对方有合理的解释，那基本没什么好怀疑的。但如果对方向你借钱，你就要小心了，尽量不要答应，最好当面验证，不方便当面验证的话，可以用聊天软件进行视频沟通，以确认对方是你熟悉的人。

情况3：骚扰电话

常见的骚扰电话有推销电话、系统或机器语音电话。推销电话相信你也接到过，接通后，对方说占用你几分钟时间，向你推荐某款产品，问你买不买。系统或机器语音电话则是自动播放的，就像拨通10086后里面出现的语音信息。

应对策略：

女儿，对于这类电话，一般智能手机都有拦截和提醒功能，看见标注为推销的电话你可以直接挂掉。如果没有拦截提醒，接通后你也可以果断挂掉，同时将这个陌生号码标注为推销、中介之类，以便下次接到时更好地区分。

情况4：诈骗电话

女儿，如今的诈骗电话可谓五花八门，诈骗手段不断翻新，爸爸举例都举不过来。不少成人接到这类电话，都可能上当受骗，更别说你们这些涉世未深的青春期女孩了。

应对策略：

对于诈骗电话的预防，爸爸想借用公安机关总结出来的"7个凡是"，作为帮你识别诈骗电话和防止受骗的建议：

（1）凡是自称公检法工作人员，要求你汇款的来电，都是骗人的，一律挂断；

（2）凡是叫你汇款到"安全账户"的来电，都是骗人的，一律挂断；

（3）凡是通知你中奖、领奖，要你先交钱的来电，都是骗人的，一律挂断；

（4）凡是通知你退款，让你发送验证码的来电，都是骗人的，一律挂断；

（5）凡是在电话中索要银行卡信息的来电，都是骗人的，一律挂断；

（6）凡是让你开通网银接受检查的来电，都是骗人的，一律挂断；

（7）凡是自称领导、老同学、朋友，要求打款的来电，都是骗人的，一律挂断。

女儿，以上几种内容的电话，无论来电是陌生号码，还是你熟悉的号码，比如10086、95566等，你都要做到"谈钱色变"，即提到钱就挂断。

当然，除了以上内容的电话是诈骗电话，还有很多不断变化的诈骗形式，你都可以用"7个凡是"去辨别，如果你无法判断真假，一定要告诉爸爸妈妈。

最后，爸爸还想送你一句忠告：对于陌生来电，不要好奇，不要轻信，不要相信天上会掉馅饼。做到这一点，你就不会上当受骗了。

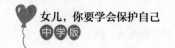
陌生人问路要提高警惕

女儿，生活中，面对陌生人问路，很多人都会好心地指引，相信你也会这样。但爸爸要告诉你，陌生人问路不一定是真的迷路了，有的人可能以问路作幌子，目的是让你停下脚步，让他有机会接近你，对你实施诈骗。

几年前，湖南株洲某高校女生小夕在学校偶遇三名"研究生"向她问路，对方随后跟她谈理想，谈人生，他们自称是来做调研的，为参加一个国际辩论赛准备素材。随后，其中一名男子借小夕的手机与"导师"联系，"导师"让小夕接电话，还嘱托她照顾一下这几位初来乍到的研究生大哥哥。

挂断电话后，三名男子说要去长沙做调研，但手头没钱，并向小夕借钱，还非常肯定地说当晚12点之前一定还钱。善良的小夕哪知道这是骗子的圈套，爽快地把银行卡里的生活费借给了对方。

可是到了晚上12点，小夕并未收到三名男子的还款信息，打电话过去发现对方关机了，次日再打电话也一直联系不上，至此她才意识到被骗了。

女儿，看完这个案例，是否感到有点不可思议呢？一个漏洞百出的骗局，居然把单纯的女大学生骗得晕头转向。这个案例中的人就是借问路的名义搭讪，再一步步实施诈骗的。

对于女孩子来说，如果只是被骗点钱财，那还可以用"破财消灾"来自我安慰，怕就怕遭遇骗色甚至被骗色之后遇害。女儿，爸爸并不是危言耸听，你再看看下面这个案例。

2017年9月3日，南京一名中学生小丽在学校门口遇到一男子问路，就在小丽准备热心指路的时候，这名男子却傻笑着露出了自己的下体，小丽吓得目瞪口呆，幸好小丽的几名同学赶了过来，这名男子才消失在人海中，后被警方抓获。

女儿，看到这个案例，你是否有所感触呢？今后面对陌生人问路时，你是否要提高警惕呢？在这里，爸爸给你几条应对陌生人问路的建议：

1.可以给陌生人指路，但绝不带路

女儿，面对正常的问路时，我们帮忙指路，这无可厚非。毕竟我们出门在外，去往一个不熟悉的地方时，也会向路过的人问路。因此，当陌生人向你问路时，你不必草木皆兵，完全可以大方地给对方指路。

但是，爸爸希望你仅限于给陌生人指路，绝不要给陌生人带路，更不要坐陌生人的车来给对方带路。无论对方的理由听起来多么合理，你都应该提高警惕。哪怕是你非常熟悉、非常近的地方也千万不要去。你可以告诉对方："如果你还不清楚，可以到下个路口继续问别人，也可以问交警。""你可以用手机导航，很方便！"

女儿，陌生人为了让你带路，为了让你上他的车，可能会给你一些诱惑。比如，给你一些零花钱，这种情况下你千万不要贪小便宜，以防吃大亏。

2.指路后尽快离开，避免对方纠缠

女儿，当你为陌生人指路后，应该尽快离开，以免对方纠缠不清。如果对方见你转身要走，继续纠缠你，你不要犹豫，加快速度赶紧走。如果对方在后面拉扯你、尾随你，你可以大声呼喊，引起路人的注意，或者尽快跑到热闹的

人群中、交警身边、大型商场或者超市里有保安的地方。

3.如果不幸被带走，也要保持冷静

女儿，如果不幸被陌生人强行带上车，你也不必惊慌失措、大喊大叫，以防激怒坏人，给自己带来不必要的伤害。你可以默默记下坏人的相貌特征、车牌号码、沿途的道路和标志性的建筑物等。同时，寻找或创造求救的机会。比如，你可以说想上厕所，让对方放你下车，然后趁机逃跑；也可以把随身物品从车上丢下去，引起路人的注意；还可以趁坏人不注意，偷偷发信息给家人或拨打报警电话。

不要被陌生人的夸赞冲昏头脑

公交车上，有这样一段简单的搭讪：

"美女，我们真有缘，在车上碰过三次面吧？"

"好像是两次吧！"

靠着这老套的搭讪方式，陌生男子邵某和少女何某聊了起来。然后，他向何某借手机听歌，何某答应了。过了一会儿，何某到站了，邵某也跟着一起下车。邵某说他要参加朋友的生日聚会，并邀请何某一起去，何某拒绝了。邵某半开玩笑地说，你不去的话手机就不还给你。结果，何某跟着邵某去了。

可是，根本没什么生日聚会，而是两人一起吃饭、逛街。其间，邵某向何某表白，希望她做自己的女朋友。何某不愿意，这时邵某再次以不还手机为由，要求何某和他去开房。这时何某的手提包和手机都在邵某那里，她单纯地以为"一夜情"后邵某会把手机和手提包还给她。但是没想到邵某的胃口越来越大，完事后要求她跟自己回家见父母。

何某无奈，决定先答应邵某，再找机会逃跑。可是在邵某的家中，何某被严加看管，并多次被强行发生性关系……

女儿，这个故事听起来是不是有点像天方夜谭？何某只因一句搭讪，便毫无防备地一步步陷入陌生男子的魔爪。你可能认为这是虚构的故事情节吧？但爸爸要告诉你，这是2015年12月真实发生于鄂州花湖经济开发区的一起性侵案件。

在本案中，受害少女何某严重缺乏防范意识，她心思单纯，胆小怕事，一再退让，才让邵某有了可乘之机。这个案例告诉我们，涉世未深的女孩遇到陌生人搭讪时一定要有所戒备，切勿被陌生人的夸赞冲昏头脑。

女儿，你知道吗？陌生人在和女孩搭讪时，除了夸赞你这种套路，通常还会给你小恩小惠，比如送你礼物，邀请你看电影，请你吃饭，主动提出送你回家等。这些看似体贴的行为背后，很可能隐藏着不可告人的目的。如果你天真地以为这是自己魅力强大的表现，并引以为傲，那对方就有可乘之机了。

所以，外出遇到陌生人搭讪时，一定要保持警惕。你要想一想，陌生人为什么和你搭讪？除了正常的求助之外，他是否对你还有别的企图？一般来说，如果对方问路之后迟迟不离开，继续没话找话跟你聊，那说明对方对你还有别的企图。这时你一定要有所防备，切勿轻信对方的话。

具体来说，遇到陌生人搭讪、夸赞你，和你没完没了地闲扯，甚至向你提出其他要求时，你要做到以下几点：

1.保持清醒的头脑

女儿，陌生人跟你搭讪时，往往都会说好听的话和你套近乎，想以此取得你的信任。因此，当听到陌生人的夸赞时，你一定要保持清醒的头脑，切勿忘乎所以，被对方牵着鼻子走。你自己有什么样的优点，平时爸爸妈妈和老师基本上都夸过你，你自己应该清楚。因此，不要对陌生人的夸奖动心，淡淡一笑即可。

2.不要靠近陌生人

女儿，陌生人跟你搭讪、闲聊，或让你帮忙看东西，让你给他指路时，不要与对方靠得太近，而要保持一定的距离。如果对方向你靠近，你要有意识地往后退，与对方保持安全的距离，以防发生意外。

3.可以直接拒绝

女儿，当陌生人向你提出一些问题或要求时，如果你回答不出来或不想答应，可以直接拒绝。比如，对方向你打听一个你不知道的地方，你可以说："对不起，我不清楚，你还是问问别人吧！"对方让你给他带路，你可以说："我没时间，我爸爸在那边等我过去呢！"

如果对方提出请你吃饭、看电影或送你小礼物，你也应该果断拒绝。要记住一句古训："拿人家的手短，吃人家的嘴软。"如果你接受了陌生人的小恩小惠，在陌生人向你提出更进一步的要求时，你就会不好意思拒绝，从而容易掉入陌生人设下的陷阱。

4.注意观察对方

女儿，陌生人和你搭讪，到底是真的有求于你，还是对你别有企图，有时候你是可以观察出来的。比如，真正问路的人，往往行色匆匆，问完之后就会离开，而目的不纯的人，则很淡定，且不急于离开。

5.绝不跟对方走

女儿，当陌生人跟你搭讪并提出"你跟我一起去""你给我带路""我带你去吧"这样的要求时，你绝不要答应对方。你要记住，对待陌生人不能过分热情，也不要过于好奇，远离陌生人，才能远离潜在的危险。

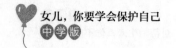

不要向陌生人泄露个人及家庭信息

女儿，你有没有想过，在注册QQ、微信及其他社交账号时，或在网上做各种小测试、在社交软件上帮别人砍价时，所填的真实的个人信息会被泄露出去，甚至会被不法分子利用呢？现实生活中，因个人及家庭信息泄露而引发的诈骗案件并不少见。

2015年初，家住天津宝坻区的汪先生接到一个陌生电话，对方开门见山地说道："你得罪人了，有人花钱雇我弄残你女儿！"开始汪先生不相信，但是当对方准确说出他女儿的姓名、年龄、所在学校和班级时，汪先生瞬间惊出一身冷汗。

想到正值青春年华的女儿人身安全受到威胁，汪先生赶紧哀求电话那头的男子放过他的女儿。男子张口就要6万元，并把银行账号提供给汪先生。出于对女儿安危的担忧，汪先生没敢多想，赶紧把钱转了过去，并一再嘱咐对方说话要算数、手下要留情。

事后汪先生越想越觉得不对劲，感觉自己受骗了，赶紧到当地公安局报案。警方听完汪先生讲述的事情经过，马上告诉他："近期我们收到多起类似的报案，你可能被骗了！"

随后，警方仔细研究这些案件，发现一个共同点：被骗者的孩子都在同一所中学上学。警方推断，这些孩子的信息可能被泄露，并被不法分子利用。警方立即将此情况通报给学校，要求学校通告每位家长加强防范。

法网恢恢，疏而不漏。最后，犯罪嫌疑人孙某、周某被抓捕归案。

女儿，也许你觉得个人姓名、联系方式、家庭住址、父母姓名、父母所在单位等信息属于个人基本信息，在学校填表或网上注册账号时，不用刻意去保护；或者在与陌生网友聊天时，也不用遮遮掩掩，否则显得太不诚恳。但爸爸想说的是，随意在网上或向陌生人透露个人及家庭信息，会给我们的生命财产安全埋下诸多隐患。

不法分子会利用我们透露出去的个人及家庭信息，制造一种他对我们家庭情况了如指掌的假象，从而实施诈骗。或者在了解我们家庭成员作息规律，并得知你们这些孩子在学校的情况下，冒充你们的班主任给家长打电话谎称你们受伤、正在抢救、需要交手术费等，实施诈骗。

青岛市市北区的王女士出差期间，接到孩子"班主任"的来电，对方说孩子在学校摔伤，已送往医院做手术，手术费5万元，要求她尽快汇款。王女士见对方能准确地说出孩子的学校名称、班级和姓名，就信以为真，马上把钱汇了过去。她心急如焚地赶回孩子"入住"的医院，才发现这是一场骗局。

在这个案例中，家长王女士上当受骗有其自身的原因，如防范意识薄弱，没有及时给孩子打电话确认，也没有给家人打电话让其去孩子学校或所在医院确认，就草率地把钱汇给了不法分子。从另一个角度讲，不法分子所掌握的其家庭信息，却是这起诈骗案件的先决条件，有了这些信息，不法分子才有了诈骗的由头。所以，女儿，防范诈骗还需我们从自身做起，保护好个人及家庭信息至关重要。在这里，给你提供几条建议。

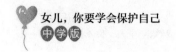
1.不要向陌生人透露个人信息

女儿，当陌生人询问你或让你参加问卷调查时，爸爸希望你能谨慎对待其中有关个人及家庭信息的栏目，能模糊化填写的一定要模糊化填写。比如，只写大概的区域，不要写家庭所在小区及门牌号，不要写你所在的学校及班级，更不要写爸爸妈妈所在的单位、联系方式等。或者，你最好不要参加类似的问卷调查。

2.不要随意参与网上测试

女儿，网上、朋友圈有很多流行的小测试，比如测试性格、测试未来运势等，参加这类测试时，基本都要求填写你的姓名、出生年月日。如果你想知道测试结果，往往还要输入手机号码甚至验证码。表面上看，这些测试很有趣，只是一种娱乐方式，实际上这种情况下你的个人信息已经被套取了。所以，不要随意参加类似的测试。

3.注册网络社交账号需谨慎

女儿，如今的网络社交平台和工具越来越多，而你们这些孩子又爱追求新潮，喜欢参与各种平台上的社交。我们不能阻止你们去尝试新事物，但当你注册网站时，爸爸还是希望你谨慎填写个人信息，比如性别、年龄、姓名等，这些信息能不填则不填，能模糊化则模糊化，切不可毫无保留地把所有选项都填写完整。

4.不要随便使用手机扫码

随着二维码技术的应用和普及，微信、支付宝"扫一扫"随处可见。尤其是各种商家还专门推出"扫码可得小礼物"的促销活动。遇到这种活动，你可不要被小礼物迷惑了，然后毫不犹豫地使用手机扫码，甚至如实填写姓名、住址、电话等个人资料。女儿，你要记住：天下没有免费的午餐。你扫码领回来的往往是用处不大的小物品，而交出去的却是你最宝贵的个人隐私。

不要随便接受陌生人的钱物

女儿，如果陌生人夸你长得漂亮、可爱，说想认识你，还送给你小礼物，你会接受吗？你会不会自我感觉良好，以为对方真心想和你交朋友，然后就收下对方的礼物呢？如果真是这样，爸爸可要提醒你：陌生人的礼物不能随便接受，因为你不知道这个礼物的背后藏着怎样的阴谋。

2018年底，浙江省瑞安市某公安分局接到这样的报案：这天，一个妈妈带着13岁的女儿小杨来到公安局，称有个四十多岁的男子长期猥亵自己的女儿。在办案人员的询问下，这位妈妈说出了事情的原委。

事情还要从2016年夏天说起。有一天，女儿小杨在放学的路上遇到了一个陌生男子，对方找各种话题跟小杨搭讪。小杨觉得男子不像坏人，就和他聊了起来。接下来的几天，男子经常接小杨放学，还不时给她零花钱，或给她买礼物。小杨觉得男子很好，就对他敞开了心扉，把家里的情况都告诉了男子。

男子得知小杨生活在单亲家庭，妈妈忙于工作，陪她的时间很少，于是萌生了歹念。这天，他找理由跟着小杨进了家门，然后以给小杨零花钱为诱饵，对小杨实施了猥亵。刚开始小杨还本能地感到厌恶和害怕，但看到男子满脸笑容，还给她钱时，便不再反抗。要知道，平时妈妈几乎不给她零花钱。

这样的事情有了第一次，便有了第二次、第三次。小杨不但理所当然地接受了该男子的零花钱，有时候甚至主动找男子要零花钱。她甚至还会请同学吃零食，同学们得到了她的零食也更喜欢和她玩了。小杨觉得被男子抚摸、亲吻没什么大碍，还认为男子给她零花钱让她在同学们面前很有面子，这使她的虚荣心得到了满足。

这件事持续了两年多。有一天，妈妈发现小杨书包里多了一些零花钱，小杨有时候回家还很晚，甚至学会了撒谎。经过再三询问，小杨终于说出实情。妈妈听完小杨的话，意识到女儿受到了侵犯，马上报了案。警察迅速出动，将该男子抓获。

女儿，陌生人送你礼物，不外乎这样几种目的：

一是确实喜欢你，真心想和你交朋友。可爸爸想说的是，初次见面就送你礼物，这是很冒昧的。如果你接受对方的礼物，那就更冒昧了。女儿，如果对方真心想和你交朋友，就应该和你慢慢接触，逐渐增进了解，这才是正常交友应有的表现。遇到初次见面就送你礼物的事情，你也应该明确告诉对方："我们还不熟，我不了解你，不能接受你的礼物！"

二是别有用心，以想和你交朋友为名，获取你的信任和好感，为下一步不法行为做准备。对于这种情况，谁都不能打包票说"我看人看得很准"，我们只能提高警惕，提前防范。毕竟"坏人"二字不会写在脸上，但如果我们从一开始就有防范意识，就可以避开很多潜在的危险。

而防范的办法很简单，就是不接受对方的礼物、零花钱等。老话说："拿人家的手短。"今天你收了人家的礼物和零花钱，明天对方对你得寸进尺的时候你就很可能不好意思拒绝。所以说，拒绝陌生人的礼物和零花钱，是防范陌生人的必要举措。

常言说得好："防人之心不可无！"女儿，不论送你小礼物的陌生人出于什么目的，你都应该从自身做起，做好必要的防范。所谓"堡垒是从内部攻破的"，陌生人对青春少女的不法行为之所以屡屡得逞，往往就是因为少女们缺乏防范之心。

那么，对于陌生人主动送你钱物这件事，该怎么拒绝呢？

1.委婉而明确地拒绝对方

女儿，面对陌生人"无事献殷勤"的行为，爸爸建议你委婉而明确地拒绝。委婉是指在语气、态度上要保持友好，没必要恶狠狠地拒绝，以免激怒不法分子，也免得误解真心想和你交朋友的人。

明确，是指把自己拒绝的意思表达清楚，不要含含糊糊，你可以说"对不起，我不需要！""我有零花钱，我可以给自己买礼物！""如果我需要，我爸爸妈妈会给我买！"记住，说这话的时候，一定要用肢体语言做出"我很想离开"的姿态，比如边走边说，甚至要加快速度离开。切不可过多停留，表现出想要礼物又不好意思的样子。

2.不因礼物"小"而接受

女儿，也许你觉得小礼物不值钱，别人主动送的，那就接受吧！爸爸想说的是，如果对方是你的同学、朋友，他们送你小礼物，那你收下也没关系，日后找个机会再回赠一个小礼物给对方。这样可以加深你们的感情，增进你们的友谊。但是如果是陌生人送你小礼物，那么不可因礼物不值钱而贸然收下。因为你跟陌生人并无交情，而且以后还礼也不太方便，所谓"无功不受禄"，你最好还是不要接受陌生人的小礼物了。

3.想要礼物跟爸爸妈妈说

有些父母平时很少给孩子零花钱，孩子想要的礼物，父母经常拒绝购买。在这种情况下，有的孩子在面对陌生人钱物的诱惑时，可能忍不住会接受。女儿，爸爸不希望这种情况发生在你身上。如果你喜欢某个礼物，可以跟爸爸妈妈说，爸爸妈妈会结合实际情况，尽量满足你的要求。如果礼物比较贵重，且无必要，爸爸妈妈可能不会给你买，但这并不是你接受陌生人贵重礼物的理由。要知道，陌生人的小礼物都不能随便收，更何况是贵重礼物呢！

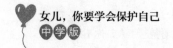

陌生人递过来的饮料，尽量别喝

2018年4月，网上一则名为《男子网购"听话水"约女生吃饭，趁其打游戏下药》的新闻引起了热议，事件经过大概是这样的：

上海宝山区某日本料理店内，一男子顾某请一女子吃饭。在用餐的过程中，男子趁女子专注打游戏之际，往女子的饮料杯中下药。女生打完游戏后，一边吃菜，一边将下了药的饮料慢慢喝光。没过多久，女子就晕倒在沙发上。男子见状，马上将女子带到事先定好的酒店房间，这一幕被监控全程拍下。事后警方得知，男子对女子实施了性侵。宝山区人民检察院以涉嫌强奸罪对顾某依法批准逮捕。

女儿，看了这个案例，也许你会惊呼："这人怎么这么坏！"爸爸看过不少类似的新闻，知道这不过是旧瓶装新酒。所谓的"听话水"，无非就是一些能让人昏迷的精神类药物，一旦进入人体内，就会让人失去抵抗力，从而任由不法分子控制。

女儿，你知道吗？不法分子不只是在饮品中下迷魂药，还可能在饮品中掺毒品。很多女孩喜欢在KTV、酒吧等公共场所聚会，这些是非之地也是罪恶行径猖獗的地方。有的不法分子为了让女孩吸食毒品，会将毒品注射到饮品中，它们遇水即溶，不改变原有饮品的口味，迷惑性很强，不是专业人士根本无法第一时间察觉。

所以，女儿，你们这些孩子出门在外，一定要提高警惕，不要轻易喝陌生人递过来的饮品。更为重要的是，作为一名少女，尽量不要出入像KTV、酒吧、夜总会之类的公共娱乐场所，因为这些场所潜伏着太多未知的危险。

那么，我的女儿，你知道应该怎样防备陌生人在饮品中下药吗？关于这个问题，爸爸想给你几条建议：

1.陌生人递过来的饮品尽量别喝

女儿，当陌生人给你递来一瓶水或饮料时，爸爸希望你尽量别喝。比如，认识不久的朋友，你帮过的人，隔壁邻居，楼下门卫大叔，路边摆地摊的阿姨等，只要是你不熟悉的人递来的饮品，你都应该保持警惕。不仅如此，有时候你熟悉的人递过来的饮品都要警惕。因为对方可能也不知道自己的饮品被做过手脚，完全出于一片好意给你喝，结果你却成了受害者。所以，出门在外，尽量不要喝别人的饮品，这是保护好自己的前提之一。

2.喝自己买的、亲手打开的饮品

女儿，如果你在外面口渴了，想喝水或饮料，请记住一定要自己购买，并且自己亲手打开。这样的饮品才能放心地喝下去。如果别人说："你在这里等我吧，我给你带一瓶水吧！"你最好礼貌地拒绝，或跟着一起去，要确定对方是在商店购买的，并检查瓶盖是否松动、瓶子上端有没有漏水迹象。因为有时候瓶盖虽然没被拧开，但可能被人用注射器注入了药物。所以，一定要确认没有被做过手脚才能喝。

3.中途离开要看管好自己的饮品

女儿，如果在聚会过程中，你想上厕所或出去接个电话，这时你一定要让信得过的朋友帮你看管好自己的饮品。如果没有合适的人帮你看管，那么回来后最好不要饮用已经开了瓶的饮料和水。因为你无法确定，在离开的这段时间

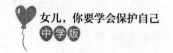
发生了什么，特别是聚会中有陌生人参加时。

4.警惕纠缠你给你饮品喝的人

女儿，如果你婉言谢绝了陌生人或者熟人所给的饮品后，对方还在找各种借口纠缠你，让你喝下饮品，那你就要提高警惕了，不但要严词拒绝对方，最好还能尽快离开对方。因为这种人给你饮品一定动机不纯，千万不要上他的当。

5.不慎喝下含药物的饮品要及时求助

女儿，万一你不慎喝了被人下药的饮品，并出现了明显的不适感，如头晕、神志不清，一定要及时求助。比如打电话告知家人、朋友，或打电话报警。如果你来不及打电话，应该设法向现场的服务人员求救。比如，服务生、酒店前台、保安等。实在找不到求救的人，你还可以故意制造事故、引发纠纷，让第三者卷入进来，这样可以打乱不法分子的罪恶计划。比如，故意把水泼到邻桌客人的身上，抢下别人的手机摔在地上，等等。千万不要担心赔钱，否则很可能会有更严重的后果。

女儿，除了不能随便喝陌生人递过来的饮品，还不能随便吃陌生人给的食物、口香糖等。有的不法分子会利用零食、新奇的小玩意儿、含迷药的香水等来诱惑涉世不深的女孩。因此，出门在外，遇到陌生人时，爸爸宁可你防范过当，也不希望你疏忽大意。

当心坏人，也要当心"善意出现的好人"

女儿，爸爸妈妈从小就叮嘱你：不要跟陌生人说话，以防遇到坏人上当受骗。但是你知道什么样的人才叫坏人吗？也许在你们这个年纪的孩子看来，只有那些面目凶恶的人才像坏人。可爸爸要告诉你，知人知面不知心，以貌取人很难看清人心的好坏。

在电视剧《下一站婚姻》中，有这样一个情节：

刘涛扮演的一位妈妈邓草草带着孩子在火车站遇到了一个"好心人"——老阿姨。当时邓草草进站安检时带的行李较多，老阿姨主动说："我替你抱孩子吧！我在家经常抱孙子！"邓草草以为遇到了好人，就把孩子交给老阿姨抱。邓草草进站后，一回头发现老阿姨和自己的孩子不见了，顿时恐慌起来，疯狂地找孩子。

这时突然出现了一个男人，冒充邓草草的老公，指责邓草草没看好自己的孩子。这样一来，就会让外人误以为是他们的家事，以此拖住了邓草草。尽管邓草草哭喊着解释"我不认识这个男人"，但周围没人相信。就这样，她眼睁睁地看着自己的孩子被人贩子带走。

女儿，别以为爸爸是在给你讲电视剧中的故事，你知道吗？在我们现实生活中，也发生过类似的案件。爸爸只是告诉你：成年人尚且会被"善意出现的好人"蒙骗，更何况你们这些少不更事的孩子呢？

2013年8月，陕西一个女孩在路边等待出租车时，一个骑电动车的"好心"男子说："小姑娘，你去哪里啊？"当女孩说出目的地后，对方说："我正好也去那边，我顺路带你过去吧！"女孩以为遇到了活雷锋，毫无防备地上了车。结果，男子把女孩带到一条偏僻的小路上，在玉米地里对她实施了性侵。

女儿，不法分子往往善于伪装，以一副"好人"形象出现。因此，当你出门在外遇到困难时，如果"好心人"突然出现，你千万别高兴太早。爸爸希望你擦亮眼睛，先搞清楚对方是"真好人"，还是"假好人"。如果无法确定，那你还是警惕一点好。

那么，怎样判断一个人是不是"伪装的好人"呢？又怎样防范这种人呢？爸爸给你提供几条建议：

1.看对方是否想让你跟他走

女儿，判断一个人是好人还是坏人，不要看穿着打扮，不要看面相，因为外在的东西太容易伪装。你以为坏人都是凶神恶煞、衣衫不整的吗？绝不是，坏人也许穿着干净整洁，而且看起来面容慈祥、可亲可敬。如果单凭这些就相信对方是好人，你是很容易上当受骗的。

判断一个人是好人还是坏人，最简单的标准就是看对方是否想让你跟他走。如果对方过度热情，找各种借口，就是想让你跟他走，那他的动机就非常值得怀疑了。

回顾上面的案例你会发现，那三个女孩都是被"好心人"骗走的。而一旦跟着陌生人走了，危险离你就不远了。所以，如果"好心人"让你上他的车，跟他走，去他的家，或带你去一个陌生的地方，那你基本可以断定对方别有用心，这时你一定要小心，要果断拒绝。

2.设法给爸爸妈妈打电话

女儿，无论你在哪里，遇到了什么样的困难，比如迷路了、钱包丢了、晚上没公交车了等等，请记得给爸爸妈妈打电话。如果你手机丢了，你可以向路人、路边商店的店员借电话。只要接到你的电话，爸爸妈妈会不惜一切代价，想尽一切办法来接你。

3.有困难请向专业人员求助

女儿，如果你出门在外遇到了困难，请一定要记得向专业人员求助。比如，你可以想办法拨打报警电话，向公安机关寻求帮助，他们一定会把你安全地送回家，或者帮你联系到爸爸妈妈。

4.宁可乘公交车，不坐私人车辆

女儿，如果有一天，爸爸妈妈因为有事抽不开身，无法开车来接你，那么你务必记住一点：宁可乘坐公交车回家，也不坐私人汽车、出租车、摩的、电动车等。尤其是夜幕降临时，更不要一个人上私人汽车、出租车等。

5.永远记住一点：不跟陌生人走

女儿，如果有一天你被陌生人的"善意"感动了，爸爸希望你礼貌地对他说声"谢谢"，但不要随便接受他的帮助，尤其不能跟他走。这一点希望你永远记住。

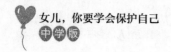
乘坐电梯时要注意哪些事情

女儿，电梯在我们的生活中占据十分重要的地位，极大地方便了我们的生活。但电梯作为一个封闭而狭小的空间，也为不法分子作案提供了便利的条件。近年来，女性在电梯里遭遇抢劫、性骚扰的案件并不少见，这让爸爸对你独自乘坐电梯也多了一份担忧。

2019年1月10日晚上，广西南宁市某小区业主微信群里，物业发布了本小区电梯监控录下的一段"男子猥亵女孩"的视频，引起广大业主的关注。物业提醒大家，保护好自己的孩子，以免类似事件再次发生。

视频显示，2018年12月21日晚上8时许，小区一名女孩上完辅导班后独自回家。当时她和一名30岁左右的陌生男子同时等待电梯，然后一前一后进入电梯。当电梯门关上后，男子突然把女孩搂进怀中，并用手抚摸她的身体。

也许是受到了惊吓或心里太害怕，女孩看上去并没有做出明显的反抗动作。事后女孩回到家，向家长诉说了自己在电梯里的遭遇，但并未引起家长的重视。直到约二十天后，女孩家长的车在小区被剐了，他到物业调取监控，才无意中看到这段视频。于是在愤怒之下报了警。

　　女儿，看完这个案例后，你有什么感受呢？是不是觉得以后出门乘坐电梯都没有安全感了？是不是以后尽量不单独和陌生人共乘电梯呢？如果你能这样想，那爸爸就要恭喜你，因为你意识到了乘坐电梯时也要注意自我保护。

　　但有时候我们可能无法避免单独和陌生人共乘电梯，比如，着急出门，上学赶时间等。这种情况下，我们可能就会选择和陌生人共乘电梯。那么，万一在电梯里被陌生人侵害，应该注意什么呢？

　　很多人可能会说，在电梯里遇到陌生人侵害时，应该大声呼救、打电话求救或按电梯的紧急停止键，让电梯停下来等。然而，大声呼救很容易给不法分子造成心理压力，甚至激怒不法分子，给自己带来不必要的伤害；至于打电话求救，在电梯这样一个狭小的空间里，不法分子怎么可能给你机会呢？

　　至于按下电梯的紧急停止键，听起来似乎有道理，实际上也不太可行。因为按下这个键后，电梯会不分场合地停下，甚至可能停在两层楼之间，上不得上，下不得下，不正给不法分子提供作案机会吗？

　　所以，女儿，以上三种自救办法是行不通的。下面，爸爸针对如何避免在电梯里被陌生人伤害，以及万一遇到陌生人伤害时如何自救，给你提供几条建议：

　　1.独自出行尽量不和陌生人共乘电梯

　　女儿，当你独自出行时，想要避免在电梯里遇到坏人的最好办法，就是尽量不和陌生男性共乘电梯。比如，你在等电梯时，正好有个陌生男子也在等电梯，那你让他先进电梯，你等下一趟电梯。如果你刚进电梯，电梯门还没来得及关上，又进来可疑的陌生人，你可以马上按下开门键，然后走出电梯，等待下一趟电梯。如果你独自和陌生人共乘电梯，且发现陌生人比较可疑，你可以在最近的楼层先下，不给不法分子准备及实施的时间。总之，当你独自出行时，尽量不要和陌生男子共乘电梯，把可能出现的危险消灭在萌芽状态。

　　2.乘电梯时站在门边或靠近按键的地方

　　女儿，乘坐电梯时，最好站在门边或靠近按键的地方。万一遇到危险，你

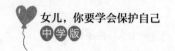
可以迅速按下所有的楼层，让电梯每到一层都停下来、开门、关门，这样可以给你逃脱的机会，也增加了你被电梯外的人发现的机会。同时，让不法分子难以得逞，还拖延了他逃离的时间。

3.乘电梯时不要低头玩手机、听歌

女儿，很多像你这么大的孩子在乘电梯时喜欢低头玩手机，或戴着耳机听歌，对周围的人不予理睬。一旦危险来临，就会毫无防备。爸爸提醒你，乘电梯时千万不要低头玩手机、听歌或只顾做别的事情，而要观察同乘电梯的人，尤其是陌生男子，对他们保持警觉，与之保持距离。

4.走出电梯发现有人跟踪时要灵活应对

女儿，如果你走出电梯时，发现后面有人跟踪你，或后面的人行为很可疑，你应该怎么办呢？爸爸教你两招应对办法：

一是不要犹豫，拔腿就跑。往人多的地方跑，边跑边大声叫喊，动静越大越好，这样可以引起周围人的注意，也能对不法分子起到震慑作用。二是放慢脚步，让对方先走，走到你前面。然后，再迅速转身跑。同样，往人多的地方跑，边跑边大声叫喊。

如果在居民楼里，每层楼只有几户人家，除了电梯和楼梯，你很难跑出不法分子的控制范围，那你可以挨家挨户地敲门，用力地拍门、敲门，引起住户们的注意，一旦有人开门，你就可以冲进去，然后说明情况，请求帮助。

第五章

早恋看起来很美好，结果往往很苦涩

女儿，如果说爱情是一颗色泽红润、甘甜可口的苹果，那么青春期的"爱情"则是一枚酸涩的青苹果，难以下咽。这个时候摘下它，你无法感受到它的甘甜，反而让它失去了变甜美的机会。所以，请你耐得住寂寞，给青苹果一些时间，让它继续汲取阳光雨露，待到成熟时，再来享受它的美好吧！

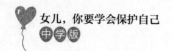

青春期的爱情萌动很正常，不必有负罪感

女儿，青春期的你们往往容易变得多愁善感，不知不觉中每天多了些"剪不断，理还乱"的情绪。你们觉得自己本应该好好学习，却整天胡思乱想，真对不起父母的养育之恩和老师的谆谆教导。想到这里，你们就很容易产生负罪感。

山西忻州某中学高一女生文文原来是个活泼开朗的女孩，学习也很努力，成绩名列前茅，深得老师喜欢和同学们的钦佩。可是到了高一下学期，她好像变了个人似的，整天一副心事重重的样子，话也不爱说了，成绩也出现了下滑。

爸爸妈妈察觉到文文的变化，主动和她谈心。通过一番耐心开导，文文终于把藏在内心多日的心事说了出来。原来，高一下学期，她观看学校篮球比赛时，被一个男生娴熟的篮球技巧和帅气的投篮动作吸引了。

从那以后，她只要有空就会去看那个男生打篮球。

文文还鼓起勇气加了那个男生的微信，但是从来没有跟他聊过一句，只是单纯地看看他发布的朋友圈。而他发布的每一条朋友圈消息，都牵动着文文的心，惹得她胡思乱想。

渐渐地，文文发现自己"爱"上了那个男生，而且爱得无法自拔。她很想表白，但也清楚不该这么做。这种复杂的情感让她产生了强烈的负罪感，觉得自己是个轻浮的女孩，对不起父母和老师的厚望。

了解清楚女儿的心结后，爸爸妈妈多次和女儿促膝谈心，不断给她安慰、引导和肯定，终于让文文明白这种情感萌动是正常的，也让文文明白如何处理这种感情。一段时间后，文文又恢复了往日的活泼开朗。

女儿，青春期是人一生中最有活力、最有想法、最有干劲的阶段，在这个特殊时期，少男少女们伴随着生理上的发育，心理上也会产生一些懵懂的感情，甚至会对异性产生爱情萌动，这是很正常的现象，也是很美好的事情。

对于青春期女孩而言，随着生理和心理不断走向成熟，情感世界也会发生一系列显著的变化。她们会对男生产生强烈的好奇心与接近欲，想获得男生的关注，甚至会对某个男生产生爱慕之心，进而形成爱情萌动心理。

青春期孩子的爱情萌动心理与成年人之间的一见倾心、一见钟情是不同的，与早恋更有本质的区别。它是男孩和女孩之间一种单纯的吸引，是非常纯真的感情，对于青春期孩子的自我认知和人格发展有着十分重要的推动作用。因此，女儿，如果你也有这种爱情萌动，希望你不要烦恼，不要忧虑，要学会坦然面对。

1.从萌动的感情中汲取学习的能量

女儿，青春期是学习的黄金时期，可是有些女孩产生萌动的爱情后，精力就被分散了，学习成绩出现下滑。其实爸爸认为，萌动的感情不是学习的阻碍因素，相反它可以为你带来更多的学习能量。

女儿，你试想一下：假如你对某个男生有萌动的爱情，你喜欢他，自然也希望获得他的好感和爱慕。那么，怎样才能获得他的好感和爱慕呢？最好的办法是努力学习，用优异的成绩把自己变成最闪耀的星星。这样你不仅可以吸引他的关注和爱慕，还能吸引全班乃至全年级同学的关注，这不是更好吗？

所以，不要总想着"控制自己，不要胡思乱想"，这是一种消极的心理暗

示。而要不断提醒自己"我要好好学习，以优异的成绩吸引他关注我，喜欢我"，这是积极的心理暗示。相信你在积极的暗示下，会不断进步，越来越优秀。

2.通过课余活动转移注意力

女儿，作为一名学生，你们的校园生活是比较单一的，除了面对书本，还有什么活动是你感兴趣的呢？爸爸建议你在学习的间隙，去做自己感兴趣的事情，比如参加文艺活动，参观科技展，阅读各种有益的书籍，进行体育锻炼等，这样不仅有助于丰富你的认知、开拓你的见识，还能强健你的体魄。当你忙碌于各种课余活动，或在运动中挥汗如雨时，你情感上的困扰自然会渐渐消散。

3.在集体活动中与男生正常交往

女儿，如果你对某个男生有特殊的爱情萌动，不要害羞，不要退缩，大大方方地与他交往，增进对他的了解。当然，爸爸更希望你在集体活动中与他交往，而不是单独和他约会或同处一室，以免引起老师和同学们的误会，也更利于保持你们纯真的感情。

再者，集体活动相比于单独交往，能够扩大你的交际面，更利于锻炼你的团队协作能力。而且集体活动还可以营造一种宽松的氛围，激发同学之间的竞争与合作意识，激发你们的团队荣誉感，促进你们更好地成长。

别被所谓的"爱情"冲昏头脑

"你不能拒绝巧克力，就像你不能拒绝爱情！"这是美国一部电视剧里漂亮的女主角在被人追求时的骄傲宣言，言语之中透露着无尽的虚荣。女儿，当面对所谓"爱情"时，成年女性尚且不能避免虚荣之心和骄傲之意，更何况正值青春期的你们呢？

女儿，你知道吗？虚荣、爱攀比甚至有点嫉妒，是青春期少女常见的一种心理状态。为什么这么说呢？因为进入青春期后，你们身体开始发育，你们的心理也在发生变化，渴望与男生交往。如果本人长得又漂亮，在男生一次又一次的夸赞下，就容易变得飘飘然，变得更自恋、爱臭美。比如，买漂亮衣服或首饰打扮自己，好让自己吸引更多人的目光。

如果这个时候，你们被某些男生喜欢、追求，你们会非常开心，因为这说明你们很有魅力。特别是当你们被人追求，还有一些同学在旁边起哄时，你们虽然有点害羞，但内心其实特别满足。而你应该知道，男生追求你们时，往往不乏甜言蜜语和细致入微的关心，偶尔还会请你们和你们的朋友一起吃饭，这会让你们更有面子。在这种情况下，你们很容易被"爱情"冲昏头脑，答应男生的追求，陷入早恋。

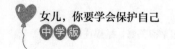

小万（化名）和小苏（化名）是浙江省温州市某高中二年级同班同学。小万个子高高的，长得很帅气，而且成绩很好，因此身边总围着一群女同学。小苏默默地喜欢他很久了，但始终把这份好感埋藏于心底，没有勇气表达。

高二下学期的一天，小苏突然收到小万的一封信。打开一看，居然是一封含情脉脉的情书。这让小苏喜出望外，心中仿佛有一只小鹿四处乱撞。但想起父母对自己的叮嘱——要以学业为重，绝对不能早恋，小苏还是冷静地婉言拒绝了小万的追求。

不过小万可没有放弃，他隔三岔五地给小苏买零食、买早餐，还经常约她到学校花园里走一走。这一幕被同班女生看在眼里，大家无不对她投来美慕的目光。这让她感到很有面子，虚荣心得到了很大的满足。最终，小苏被"爱情"俘虏了，答应做小万的女朋友。

恋爱没多久，小苏无意间发现小万发给同班另一个女生的短信，言语之中，无限暧昧。其中有一句重重刺伤了她的心："其实我最喜欢的是你，苏××只是我暂时的女朋友！"那一刻，小苏清醒了，什么"亲爱的宝贝"，什么"你是我的唯一"，都是骗人的，自己不过是小万的备胎。因此，她义无反顾地和小万分了手。

女儿，有时候，所谓的"爱情"并不是你们女孩子真正需要的，只不过恰好在你们渴望被男生关注、欣赏的时候，有个"他"向你们递来了一朵玫瑰花，极大地满足了你们的心理需求。假如你们不接受对方的追求，对方往往也不会失落，他们会转身寻找下一个目标，寻找愿意接受这朵玫瑰花的人。所以，面对男生追求时，千万不要被所谓的"爱情"冲昏头脑，天真地以为那是自己的真爱。

退一步说，就算那是你认定的"真爱"，那这份爱会结出甘甜的果实吗？有些女孩早恋时，面对家长和老师的阻拦，居然大言不惭地说："我们是真心相爱的！我们会不离不弃的，将来一定可以走到一起！"女儿，如果你也有这种想法，那爸爸想对你说："这不过是被所谓的爱情冲昏头脑后的胡话！"

爸爸只想问你一个问题：对方有能力给你未来吗？

作为一名中学生，学习是主要任务，当你们兴冲冲地开始享受"爱情"时，是否想过对方能不能给你想要的未来？自己的衣食住行都要靠父母，又没有任何经济来源，怎么保证基本的生活？

再者，你们目前处于中学阶段，将来要经历高考的考验，你们真能考入同一所大学吗？即便考入了同一所大学，可大学校园又是别样的天地，彼此会遇到更多的异性，你们有信心彼此不相离吗？

即便熬过了大学时光，你们依然不离不弃，可进入社会后，面对形形色色的诱惑，你们还能把持住自己，始终把彼此放在心里最重要的位置吗？

不要急着说"我可以，我保证可以"，爸爸希望你冷静地想一想，未来有那么多不确定性，有多少早恋的情侣能够相伴一生呢！一项调查显示，早恋的情侣，20对中有19对都没能走到最后，还有一对是因为意外怀孕，无奈地放弃学业，搭伙过日子了。

女儿，爸爸说了这么多，相信你能明白爸爸的想法：

1.现在说"有情人终成眷属"为时过早

女儿，理想很丰满，爱情很美好，但是现实很残酷。少男少女们因为青春期情窦初开的缘故，误认为自己遇到了"对的人"，很容易分散学习的精力。到最后，往往换不来"有情人终成眷属"的童话。所以，现在说什么"有情人终成眷属"为时过早。

2.面对男生追求时，要控制住虚荣之心

女儿，你们这些青春期女孩的情感是丰富的、细腻的，又是敏感的。面对男生火热的追求和甜蜜的表白，你们会感到既兴奋又紧张，甚至会虚荣心爆棚，觉得自己很有吸引力。但爸爸希望你头脑清醒一点，认识到你当下的主要任务是什么，要明确地拒绝对方。

当然，"明确拒绝"是为了不让对方心存幻想，不让对方对你纠缠不休。

至于拒绝的态度，可以温和一点，照顾一下对方的感受。比如，告诉对方："你是很优秀的男生，但我们现在的任务是学习，我对你只有同学之情，我们可以成为好朋友，但不会成为恋人。"如果对方不死心，还对你死缠烂打，一定要告诉爸爸妈妈，我们会在恰当的时候介入，帮你处理好这个问题。

3.把所谓的"爱情"控制在友情范围内

女儿，爸爸希望你明白：青春期的爱情往往是由友情演变而来的，它虽然包含淡淡的爱意，但更多的是友情之下彼此对对方的好感。所以，你喜欢某个男生或某几个男生，某个或某几个男生喜欢你，这都是很正常的。不过，如果某个男生追求你，向你表白，让你做他女朋友，你就有必要和他约法三章了。

你可以和他约定：以学习为重，交往仅限于讨论学习课题、兴趣爱好。学习之余，不单独相处。如果想出来玩，可以约上其他同学一起。而且仅限于白天玩，天黑之前要回家。当你们把所谓的"爱情"或男生的追求控制在友情范围内时，你们就不会跨越雷池，陷入早恋泥潭了。

女儿，爱情就像冬日绽放的梅花，需要经历春夏秋的阳光雨露，要耐得住寂寞、受得了孤独，才能绽放出绚丽的花朵。所以，爸爸希望你不要急于采摘，要呵护它，让它吸收充足的养料，待到花开的季节，你一定可以欣赏到最美的景色。

一定要分清青春期的友情与爱情

女儿，每个人一生都要面对三大课题，那就是亲情、友情和爱情。除了亲情之外，人们往往觉得友情和爱情之间的界限不那么容易把握。特别是像你们这么大的孩子，由于情感控制力还处在发展阶段，认知能力尚不成熟，很容易把友情与爱情混淆。

沈悦和云峰是初中三年的同桌，后来一起升入高中，又巧合地进入了同一班级。沈悦一直喜欢云峰，他们是很好的朋友，就像哥们儿一样，走到哪里都成双入对，别人还以为他们是恋人。

上学的时候，沈悦总是抢云峰的零食吃，也经常买一堆零食给云峰吃。每天下课，她就凑到云峰桌前，跟云峰说个不停。沈悦说什么，云峰都很乐意听。每次放假，云峰都会约沈悦出来玩，一起吃饭，看电影，谈论最新的娱乐新闻。到了晚上，两人又各自回家。

云峰中途和一个女同学关系暧昧，沈悦发现后，感到很难受。后来得知云峰分手时，沈悦心里竟有一丝窃喜。那年圣诞节，沈悦收到云峰的一条短信，她觉得那是一条示爱信息。于是她回复云峰说："我做你女朋友好不好？"但云峰马上解释说："那是群发的祝福短信，你不要误解了，我一直把你当好朋友，没有

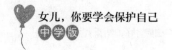
和你谈恋爱的想法。"

那一晚，沈悦伤心地哭了，再也不想见到云峰。

沈悦错把友情当爱情，这才引发了一场误会，让自己陷入痛苦之中。女儿，这个案例告诉我们：如果分不清友情和爱情，就不容易把握好与男生交往的尺度，轻则惹来周围同学的闲话，重则被父母和老师当成早恋典型加以批评教育。更严重的是，会让自己徒增烦恼，甚至破坏一份纯真的友谊。

女儿，爱情和友情有点像一对孪生姊妹，它们既有相同点，又有不同点。有时，它们很容易区分，有时候又很难分辨。爸爸不妨给你举个例子吧：

朋友之间，彼此会对对方说："除了我，你可以有他或她。"

恋人之间，彼此却对对方说："你是属于我一个人的！"

朋友来你家，你会对他说："随便坐，把这里当自己家吧！"

恋人来你家，你可能什么都不说，直接上前和他紧紧拥抱。

朋友伤害了你，你会转身离去，甚至再也不理他；

恋人伤害了你，你会心如刀割，既恨他，又舍不得离开他。

朋友远行时，你会笑着说："祝你一路平安，有空给我打电话！"

恋人远行时，你会哭着说："真的要走吗？请不要离开我好不好？"

朋友抛弃你时，你可能叹息几声，收拾心情，再去找新的朋友。

恋人抛弃你时，你可能痛苦绝望，消沉失落，再也不轻易相信爱情了。

当朋友死亡时，你会默默给他送上一个花圈，把他的名字刻在你心中的墓碑上。

当恋人死亡时，你会跪在他的遗体边说："你怎么忍心丢下我，我愿意陪你一同死去！"

女儿，如果你分不清友情和爱情，请对照以上几点，细细地感受一下，看看你的真实感受到底符合友情，还是符合爱情。如果还是分不清，那么爸爸给你提供几条区分友情和爱情的具体标准：

标准1：友情与爱情的支柱不同

女儿，友情的支柱是"理解"，爱情的支柱是"感情"。友情需要双方彼此了解，认清彼此的优缺点和长短处。爱情需要的基础是感情，有了感情才能把对方美化、理想化，产生情人眼里出西施的感觉，并贯穿爱情的始终。

标准2：友情与爱情的基础不同

女儿，友情的基础是"信任"，一份真挚的友情具有绝对的相互信任感；而爱情的基础则是"不安"，爱情中的人经常会想："我如此深爱他，他是否也深爱我？"或者想："他对我的态度变了，他是否还像从前那样爱我？"

标准3：友情与爱情的体系不同

女儿，友情是"开放的"，两个关系再好的朋友，如果遇到志趣相投的人，大家都会欢迎。爱情是"自私的"，两个人在恋爱时，如果第三者插足，便会引起排斥和冲突。

标准4：友情与爱情的特质不同

女儿，友情的特质是"平等"，少了这个特质，友情不可能长久。当一方犯错却浑然不知时，真正的朋友会提出忠告，甚至义正词严地规劝；爱情的特质是"一体化"，即双方要有一体感，要相互融合，你中有我，我中有你，不能相互对立、攻击。

标准5：友情与爱情的心境不同

女儿，友情会给人带来一种"充足感"，即好朋友相处久了，彼此都有满足的心理感受。而爱情带给人的往往是"欠缺感"，即两人在一起久了，会产生一种不满足感，总希望彼此爱得更强烈。

女儿，虽然友情与爱情有很多本质的不同，但两者并不是毫无关联的。很多时候，爱情是从友情转化而来的。因为彼此了解，彼此信任，彼此在一起有了满足感，才慢慢产生了感情，产生了爱慕之情，才慢慢变得"自私"，容不得第三者加入。而相爱的人在一起后，因为有了爱情的结晶，有了血缘的交融，彼此的爱情会慢慢向亲情转化。所以，亲情、友情、爱情到最后会交融在一起，这是世间最珍贵的感情。

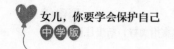
与男同学交往不随便、不轻浮

女儿，正处于青春期的你们已经是大姑娘了，在学校里有很多好朋友，其中还有一些异性朋友，爸爸为你感到高兴的同时，也有点担忧。按理来说，男女生之间交往是最正常不过的事情了，但不知你注意到了没有，随着年龄的增长，特别是进入青春期后，男女生之间的交往似乎变得有些微妙。

比如，有些女孩"忙里偷闲"，和男生密切交往，还经常单独交往。如果他们在一起只是讨论学习、讨论兴趣爱好、讨论生活和未来，那也无可厚非，但是有些男女生没有掌握好交往的尺度，或引起老师、家长和同学们的误解，导致风言风语，或陷入早恋，耽误了学业，浪费了时光。看看下面的案例，你就会明白爸爸的良苦用心。

《沈阳晚报》上曾刊登了这样一则新闻：

沈阳的吴先生是一家小型旅店的老板。不久前，店内来了一对背着书包、手拉着手的"高中生小情侣"，他们提出开一个房间。由于没有身份证，店内工作人员不知道怎么处理，就向吴先生汇报。吴先生马上向公安机关报警求助，民警很快就赶到旅馆，并把两个学生带回派出所，还将两个学生的家长喊来。

女生的母亲来到派出所，得知女儿被男生带去开房，气得失声痛哭起来。她说平时对女儿管教挺严的，千叮咛万嘱咐不让她和男生玩，但没想到女儿刚上高一就处对象了，还跟男生去开房。

原来，这对小情侣当天下午因学校临时有事提前放学，于是男生提出去开房，女生没有多想，便跟着去了。最后，在民警的劝说下，两个学生意识到自己错了，并向家长承诺不会再这样了，然后跟着各自的家长回家了。

女儿，看到这个案例，爸爸内心真的五味杂陈。两个高一学生，大好的年华本应该好好学习，他们却谈恋爱，还去宾馆开房。作为女生的家长，感到伤心是可以理解的。爸爸决不想看到这样的事情发生在你身上，因此，在与男生交往的问题上，爸爸必须给你一些忠告：在身心还不成熟的青春期，你应该以学业为重，在与男生交往时，应保持距离，保持理智，千万不要随便，不要轻浮。

具体来说，爸爸希望你在与男生交往时做到以下几点：

1.在表情、姿态上要自然大方

女儿，当你与男生交往时，消除不自然感是建立正常异性关系的前提。比如，你的言语、表情、行为举止、情感流露及所思所想等要尽量保持自然、顺畅、大方、得体，既没必要过分夸张做作，也没必要闪烁其词，扭怩作态。比如，有些女生和男生交往时，感觉很害羞，说话都不好意思大声一点，举止很拘谨，微笑也很牵强，这是没有必要的。爸爸建议，要把男生当作女生一样对待，不要因性别因素而变得不自然。

2.在言行举止上要把握分寸

女儿，同性之间交往与异性之间交往是有差别的。同性之间交往可以嬉笑打闹，可以谈笑风生，甚至可以有些亲昵的举动，比如，女生之间可以手挽着手。但异性之间交往如果也这样，就很容易被周围同学误解为你们"不正经"，继而怀疑你们关系不正常，或认为你们早恋了。

为了避免风言风语影响你的心情和学业，爸爸建议你在与男生交往时注意

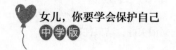

言行的分寸，不随便开玩笑，不要有肢体上的接触，甚至身体也要保持适当的距离。比如，在男生面前不要忸怩作态、举止轻浮，不要拍男生的肩膀，或把手搭在男生的身上，更不能与男生有拥抱、亲吻等动作。

3.在交谈内容上要留有余地

女儿，不管是与女生交往，还是与男生交往，在交往的过程中，你们之间少不了谈论一些话题、交流一些问题。也许你和某个男生是好朋友，但是作为异性，你们谈论的内容不能毫无顾忌。比如，两性之间的敏感话题就不宜谈论，彼此有没有暗恋的对象，有没有喜欢的异性，这样的话题也不宜谈论。否则，很容易引起对方错误的联想，认为你对他有特殊的情感，是在有意暗示他某些信息。

不在男女同学或男女朋友家留宿

女儿，像你这个年纪的孩子，关系好的同学或朋友会相互串门，这是很正常的事情。但假如有一天，关系要好的同学或朋友邀请你去他们家玩，并留你在他们家住一晚，你会答应吗？你可能会想："同学盛情款待我，是重视这份友谊的表现！"然后欣然接受。可爸爸想告诉你：在别人家留宿风险太大了。

2010年4月，四川宜宾珙县一名初中女孩小杨留宿同学家，半夜遭到同学的父亲强暴。小杨的父母常年在外务工，她跟奶奶一起生活。当天，她去同班女生兼好友家中玩耍，并在好友家过夜，晚上和好友睡一张床。次日凌晨1点左右，好友的父亲张某趁小杨熟睡之际，窜到她所在的房间，强行与她发生了性关系。

后来，珙县法院以强奸罪判处张某有期徒刑五年。

女儿，小杨的遭遇有没有给你敲响一记警钟呢？原以为在同学家可以开开心心住一晚，最终却以一场噩梦收尾，这种遭遇真令人感到无比痛心。

女儿，以前我们总是认为，留宿同学或朋友家中是一件比较正常的事情，毕竟同学、朋友是自己认识的人，大家相处了很长时间，彼此还算比较了解。留宿同学、朋友家只不过是换个地方睡觉，没什么大不了的。

女儿，俗话说："人心隔肚皮。"虽然你和同学、朋友很熟，但是你却看不到别人的内心。特别是同学、好友家里的男性，对于这些不熟悉的人，你根本就看不透他们的内心。哪怕他们对你的到来笑脸相迎，热情地招待你，给你好吃的，对你嘘寒问暖，也不代表他们就是善良可信的。虽然不是所有的人都是坏人，但是必要的防范之心不能少。否则，你们这些青春少女可能重蹈小杨的覆辙。

那么，留宿同学、朋友家这件事，到底该怎么处理呢？

1.区别对待男生和女生的邀请

女儿，一般来说，我们不会主动对别人说："我今晚去你家睡好不好？"出现留宿他人家中的情况，多是受到了别人的邀请。那么，对于男生的邀请和女生的邀请，一定要区别对待。

首先，我们来说男生的邀请。老话说："男女有别。""男女授受不亲。"青春期的少男少女都处于身体发育阶段，女孩贸然去男生家中，甚至在男生家中过夜，不仅会影响自己的名誉，还会给自己的人身安全带来较大的隐患。因为男生和你关系再好，也不能保证他不会对你起色心，尤其是春暖花开或衣着较少的季节，或对方家人不在家的时候，危险系数还是挺高的。所以，当男生邀请你在他家留宿时，你一定要果断拒绝，而且不需要任何理由，哪怕多名同学一起留宿其家中也不行。

接着，我们来说女生的邀请。相比于男生，女生对你的人身安全所构成的潜藏危险小得多。因此，当女生邀请你去她家玩、做客，或邀请你在她家留宿时，你可以根据实际情况去做决定，但为了防范女同学的男性家属，最好还是不要去。

2.接受邀请前要明确几个问题

女儿，如果女生邀请你去她家过夜，你最好先明确几个问题：

问题1：她邀请了几个人去她家过夜？

女儿，如果对方只邀请你一个人去她家留宿，你不妨叫她再约个朋友去。

毕竟在同学家留宿，待的时间较长，其中的危险难以预测。因此，叫上多名同学陪伴安全性更高一些。如果不想去留宿，可以委婉地拒绝，以免伤害同学之间的感情。

问题2：她以什么理由邀请你去过夜？

女儿，如果对方说："我爸爸妈妈出去旅游了，我一个人在家有点害怕，你今晚去我家住吧！"为了安全起见，你可以建议她再邀请一个女同学去。

问题3：同学家长是怎样的人？

女儿，为了避免一些"人为事故"，你有必要根据你和女同学家长的短暂相处，判断他们是怎样的人。要思考"女同学的爸爸可靠吗？""女同学的妈妈会不会成为帮凶？"虽然想得有点极端，但慎重思考没有错。如果你觉得女同学的爸爸不太可靠，要么告辞，要么始终和她在一起，不要单独和她爸爸待在一个房间。

3.在他人家中留宿要告诉父母

女儿，当你决定去同学或朋友家中留宿时，一定要提前和爸爸妈妈打好招呼，最好将同学或朋友家的住址、电话也告诉爸爸妈妈，以备不时之需。如果你需要什么东西，爸爸妈妈可以给你送过去。一旦出了问题，我们也好快速找到你。如果有可能，将同学或朋友的家庭情况也告诉爸爸妈妈。比如，她家有几口人，分别是谁，她爸爸妈妈是做什么工作的，在什么单位上班等等。最重要的是，你提前告知能让爸爸妈妈安心。

把纯真的情感埋在心底，不要踏进早恋旋涡

女儿，如果说青春是一首歌，那么早恋就是其中变奏和谐的音符；如果说青春是一条河，那么早恋就是其中最湍急的旋涡；如果说青春是一张情网，那么早恋就是其中最脆弱最纤细的网线。青春期少男少女踏入早恋的旋涡，往往会自食苦果。

小杰和小琳是某高中的同班同学，也是同学们羡慕的学霸级人物，还是家长和老师眼中的"别人家的孩子"。两人经常一起交流想法、探讨问题，彼此发现和对方的三观很相似。两人原本只是单纯的好朋友，但随着时间的推移，到了高三时，他们互相成为对方的知己，关系也变得有些暧昧。最终，两人还是在高考前两个月捅破了那层关系，彼此成为了恋人。

在同学们看来，他们眼里只有学习，就算恋爱了也会相互促进，成绩会越来越好。但经验丰富的班主任对他们很是担忧，理由很简单，人的精力毕竟是有限的，在应该抓紧时间备战高考的关键时期谈恋爱，肯定会分心，影响学习。

这对热恋中的情侣向老师和父母信誓旦旦地保证：决不会被个人情感影响，两人会把精力放在学习上，共同进步。对此，老师和父母尽管很无奈，但考虑高考迫在眉睫，认为不宜棒打鸳鸯。

起初，两人确实在学习上互相督促，学习氛围也特别好。但随着高考的临近，他们压力也越来越大，担心不能考入同一所大学，因此学习的精力有些分散。最后，两人都在高考中发挥失常，只分别考上了不同城市的普通大学。暑假结束后，他们开启了各自的新生活，最终也没有走到一起。

女儿，你相信小杰和小琳是真心相爱的吗？

爸爸也经历过青春期，爸爸相信他们之间的朦胧爱意是无比纯真的，是弥足珍贵的，但这并不等于爸爸赞成他们早恋。

女儿，你相信小杰和小琳高考发挥失常与早恋无关吗？

女儿，关于早恋问题，往往是当局者迷，旁观者清。沉迷于恋爱的旋涡无法自拔的你们，固执地认为恋爱不会影响到学习。爸爸妈妈也希望早恋不会影响学习，但事实上，你们的学习很难不被早恋影响。

要知道，人的时间和精力毕竟是有限的。当他们把一部分时间花在早恋上时，花在学习上的时间就减少了。不仅如此，他们各自在学习时，还会因内心蠢蠢欲动的情愫而分散注意力。因此，早恋不会影响学习，这种说法爸爸是不太赞成的。

女儿，你知道早恋除了影响学业，还会对青少年造成哪些不利影响吗？

影响1：容易导致青少年出现心理问题

女儿，青春期少男少女的身心比较脆弱，一旦被恋爱造成的情感问题纠缠，很容易出现各种心理问题。比如，男方移情别恋，往往会造成女方心情抑郁、神情恍惚、萎靡不振，甚至产生轻生、报复等心理，这些都会影响一个人心智的正常发展。

影响2：容易诱发冲动犯罪

女儿，青少年涉世未深、阅历不足，当恋情出现危机，如一方移情别恋，一方要求分手时，另一方可能会做出不理智的行为，甚至可能走向犯罪。比如，女生移情别恋，男生愤怒之下，捅伤女生和另一位男生。这会给"恋爱"

双方造成极大的身心伤害，甚至会造成不可弥补的损失。

女儿，早恋是"成熟"外衣掩盖下的幼稚行为，真正理智的女孩会把纯真的情感埋在心底，而不会轻易踏入早恋旋涡，给自己稚嫩的身躯套上沉重的枷锁。因此，爸爸希望你做到以下几点：

1.把精力放在学习上

女儿，正值青春的你们就像早上八九点钟的太阳，朝气蓬勃，踌躇满志。对于未来，你们肯定满怀憧憬。要想实现理想抱负，在未来成为璀璨的星星，最重要的是以学业为重，把主要精力放在学习上，心无旁骛，专心致志。当你专注于学习时，就不会轻易被懵懂的感情牵绊。

2.要理智地面对情感

女儿，青春期的你们有一些美好的情愫，比如喜欢某个男生，或被某个男生喜欢，这是很正常的。对于这种朦胧而青涩的情感，爸爸希望你能理智地面对。为了不影响学习，不妨把这种纯真的情感埋藏于心底。若你在该努力学习的年纪不负青春，勇于进取，将来一定可以品尝到真正甜美的爱情。

3.生活还有诗和远方

女儿，你听过这样一句话吗？"生活不止眼前的苟且，还有诗和远方！"对于青春期的你们来说，生活不止眼前的早恋，还有很多美好的事物值得追求。爸爸希望你在学习之余，丰富自己的兴趣爱好，比如学一门感兴趣的手艺，如画画、舞蹈、音乐，也可以投身于一项你喜欢的运动，如跑步、羽毛球、兵乓球，等等。

早恋，就像列车驶过的沿途风景，虽然它很美，你也留恋，想驻足停留，但想一想如诗如画般的远方美景，你还有什么理由不抓紧时间学习、赶路呢？所以，我的女儿，爸爸希望你能够分清什么是该做的，什么是不该做的，不要让不该做的事情阻挡了你追求梦想的脚步。

师生恋不靠谱——千万别和老师"谈恋爱"

女儿，你们在学校里除了和同学朝夕相处外，接触最多的人是谁呢？我想你肯定会说："接触最多的人是老师呀！"没错，老师学识渊博，风度儒雅，风趣幽默，对你们耐心诚恳地关怀教导，会不会让你们内心很感动呢？和同龄人相比，老师多了一份成熟；跟父母相比，老师又多了一份威信。因此，老师在你们心目中有一种特殊的位置，你们对老师也有一种特殊的情感。这种情感在心中慢慢滋长，可能会变成你们对老师的恋情。

对于这种恋情，女孩往往认真投入，非常痴迷。一旦她们对某位男老师朝思暮想，就会找各种机会接近对方。如果恰巧碰上缺乏理智和自制力或心术不正的男老师，就很容易演变成畸形的"师生恋"。如果男老师已婚，有自己的家庭，那么女孩就不自觉地成了"第三者"。

女儿，师生恋看似浪漫、唯美，但它会产生很多负面影响。到最后，师生恋绝大多数也不会有好的结局。更有甚者，师生恋还可能给女生造成严重的心灵创伤和身体伤害。

2015年7月27日早上，江苏徐州的杨先生喊14岁的女儿萌萌起床吃早饭时，发现女儿已经死亡，身边还有一瓶"敌敌畏"（农药）。通过女儿的网络聊天记

录，杨先生发现女儿生前压力很大，原因是她怀孕了，而致使她怀孕的是学校的一名男老师。

杨先生向记者透露，在女儿与这名男老师的QQ聊天记录中，有很多内容涉及情感方面，有些话过分得让他很难接受。事发前萌萌给那名男老师发了一张"敌敌畏"农药瓶的照片和一段文字，大意是：当你看到这条信息时，我可能已经不在了；发生这么大的事情，我要告诉我妈妈。可是那名男老师却不让萌萌告诉家人。

萌萌上学期间是住校的，只在周末回家。她性格开朗，平时有说有笑。杨先生根据萌萌的聊天记录分析，那件"大事"指的是她怀孕了。事发后杨先生报警，当地警方随即展开调查。很快，警方了解到萌萌的聊天对象——所在中学的男老师徐某，40岁左右，已婚，从教近20年，是初二年级的物理老师。

……

女儿，看完这个案例你有什么感受呢？花季少女萌萌因师生恋而自杀，让人唏嘘不已，更让父母悲痛欲绝。这也警示我们：师生恋不靠谱，千万别和老师谈恋爱。为什么这么说呢？原因有这样几个：

第一，青春少女的思想和情感还处于幼稚、不成熟的阶段，她们对老师的性格、品行、为人等缺乏了解和判断。因此，她们对老师的恋情往往是一时感情冲动，带有很大的盲目性。或许这种恋情非常浓烈，但缺乏现实基础，很难维持下去。

第二，青春期正是求学的关键时期，谈恋爱容易分散精力，影响学业。而一旦感情遭受挫折，会更加无心学习，很容易荒废学业，甚至导致辍学。

第三，师生恋会受到父母的阻拦，还会惹来周围同学的闲言碎语，影响个人形象和人际关系。如果男老师已有家室，那么女孩的角色就更尴尬了，不但会遭到社会舆论的谴责，还会引起老师妻子的怨恨。这会让女孩背负很大的心理压力。

第四，万一碰到心术不正的男老师，女孩的一片真情很容易被利用。比如，以辅导作业、补课等名义把女孩骗至家中，然后和女孩发生性关系。女孩由于喜欢男老师，在被男老师引诱时，几乎没有任何防范之心，加上缺乏必要的避孕常识，很容易导致意外怀孕。这对女孩身心都是一种巨大的伤害。

综上所述，师生恋是不靠谱的。那么，当你面对心中爱慕的男老师时，怎样把握自己的感情呢？爸爸为你提供几条建议：

1.把纯真的情感放在心底

女儿，如果某位男老师让你产生特别的好感，让你爱慕不已、朝思暮想，请不必烦恼，也不要冲动，试着把这份真诚、纯洁的情感放在心底，保护好它，不要让非分的欲念和不理智的行为玷污它，不要让一些青春文艺类的言情小说带坏你的思想。

为了不让自己把精力放在儿女情长上，爸爸建议你把精力放在学习上，并在学习之余参加有意义的活动，如听歌、练字、画画、运动。当你每天都过得很充实时，就没有闲工夫胡思乱想了，你说是不是呢？

2.与男老师保持适当的距离

女儿，要想避免和男老师发生"师生恋"，爸爸建议你平时注意与男老师保持适当的距离。当你想向老师请教问题时，不妨约同学一起去，尽量避免和心仪的男老师单独相处。在与男老师相处时，你要注意自己的穿着，如不要穿暴露的衣服、短裤、短裙等。要注意自己的言行举止，不要有过分亲昵的动作，不要开过分的玩笑。这样可以避免超越师生之情的情感产生，更能防止心术不正的男老师对你做出伤害行为。

3.增加与同龄人交往的机会

女儿，你知道吗？缺乏集体交往，与同龄人沟通不畅是促成师生恋发生的一个客观原因。想要避免师生恋，或想及时从师生恋中抽身而出，最好的办法

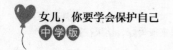

是增加与同龄人交往的机会。比如，多结交朋友，多与同学们沟通，多参加集体活动。这不仅可以促进与同龄人之间相互理解、相互沟通，还能加强自己的人际关系，对于避免师生恋、转化师生恋也具有十分积极的意义。

第六章

青春期来了，不得不跟你谈谈"性"

　　女儿，当你看到"性"这个字眼时，是不是有一点点不适，有一点点抵触？其实，很多家长对这个字眼也有一点逃避，不愿意面对。因为受到传统思想的影响，或误解了性教育的内容，很多家长忽视了对孩子的性教育。但是，真正的性教育不仅事关你们的身心健康，还关系到你们的人身安全。所以，在这里爸爸不得不跟你谈谈"性"。

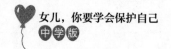
怎样正确对待各种媒体上的"性"信息

王先生带着妻子、孩子去好朋友张先生家做客，饭后两对夫妻坐在客厅看电视、聊天，他们的孩子在客厅玩耍。不一会儿，电视里出现了男女接吻的镜头，张先生赶紧拿起遥控器换台，生怕被孩子们看到，理由是这种画面不适合孩子们看。

张先生的做法可以理解，父母总想给孩子创造纯真的成长环境，但现在早已不是网络还未普及的八九十年代，那时候性信息主要靠纸媒、录像、碟片等传播，孩子不容易接触到。当今社会，网络、电视、电影、书刊等各类媒体上的性信息如同洪水般泛滥，想让孩子的成长环境中没有性信息是不现实的。

下面，让我们来看看现实生活中常见的情景：

情景1：

城市公交站旁的电线杆、宣传栏上，张贴着各种小广告，其中有一种广告格外引人注目，上面有一张美女图片，还醒目地写着四个字"美女服务"，下方还留有电话号码和服务内容。

情景2：

QQ、微信群里，群友经常会分享一些搞笑的短视频，视频内容还算正常，可短视频的封面却充斥着性感暴露的美女图片，让人不由得好奇、联想，去点击。

情景3：

上网的时候，冷不丁地弹出一些页面，页面上美女穿着暴露，甚至直接"三点式"装扮，而且页面闪烁不停，特别扎眼，让人浮想联翩，忍不住就去点击。

女儿，以上三种含有性信息的情景在生活中随处可见，对于成人来说，这些性信息可以说是见怪不怪了，但对于你们这些青春期孩子来说，由于性教育缺失、性知识不足，加上青春期本能的性好奇，就很容易去关注，甚至主动去探索。

当然，在探索的过程中，你们能够学到一些正确的、有价值的性知识，但也可能会被一些错误的、负面的性信息蒙蔽双眼、毒害心灵。爸爸既不能捂住你的双眼，绑住你的双手，也不能断掉家里的网线、没收你的手机，爸爸能做的只有教你怎样正确对待各种媒体上的性信息，教你如何正确学习性知识，以及如何避免被错误的性知识、性信息误导和毒害。

下面，爸爸提出几条建议，你不妨参考一下：

1.光明正大地上网探索性知识

女儿，如果你觉得爸爸妈妈对你的性教育不够，觉得自己的性知识有限，那么当你遇到性方面的疑惑时，你可以问爸爸妈妈，也可以光明正大地上网搜索相关的网页，探索你不懂的性问题。

所谓光明正大，指的是无论爸爸妈妈是否在电脑旁，你都可以轻松查看这类信息。或者你在网吧、学校的多媒体教室里，也可以上网查看这类信息，完全没必要偷偷摸摸、紧张兮兮。因为你是探索科学知识，而不是寻求感官的刺激，有什么好顾虑的呢？

光明正大地了解科学的性知识，有利于形成健康的人格。反之，一个人躲着了解性知识，往往很难控制自己，继而看了不该看的性信息，甚至忍不住去看色情影视作品。所以，爸爸希望你光明正大地上网了解性知识。当然，了解

121

性知识不仅限于网络这个渠道，你还可以通过看相关书籍来了解性。

2.用理智的心态明辨是非真假

女儿，如今的黄色网站层出不穷，各大门户网站也充满了一些打着擦边球的性信息，因此想要从中查找科学的性知识，并不是一件容易的事情。有些所谓的性教育网站也不太规范，比如，有些网站标榜自己是"中国性教育基地"，但所展示的一些性信息却是错误的，或对青少年身心健康有害的。

人都有先入为主的心理，如果你最先看到的性信息是错误的，就可能长期被误导。反之，如果你最先看到的性知识是科学的，那你将一生受益。在这里，爸爸推荐你从"中国性知识科普网"和"中华网健康频道"上了解性知识，这两个网站里的性内容比较科学、准确。

另外，爸爸还要提醒你：对于网上所讲的性知识，不要盲目轻信，而要多方求证。比如，去图书馆查看相关的性教育书籍、性科普期刊等。这类正规性教育出版物相比于网络性知识更严谨、可信度更高。当然，如果你对某些性信息有疑问，也可以跟爸爸妈妈讨论。这样更利于你科学地探索性知识。

3.自然大方地看待接触到的性信息

女儿，如果你能做到光明正大地探索性知识，那么爸爸相信当你看到媒体上的一些性信息时，便不会再眼神躲闪、神情紧张了。因为你有了一定的性知识，而且是正确的性知识，对性不再陌生了，也就不会那么好奇了。在这种情况下，各类性信息在你眼中就变得很平常了，没有什么值得大惊小怪的了。

拒绝观看色情影视、图片、书刊等

《三湘都市报》上曾报道过这样一则新闻：一个女孩因看了一次色情片，性情大变。父母带她看了心理医生，请求专业机构的帮助，可是多年之后她仍不能走出心理阴影。

据女孩的父亲赵先生说，女儿晶晶上初三的时候，有一次亲友聚会，不知谁在他家留下了一张色情光碟。当晚大家一起在客厅打牌说笑，原本性格内向的晶晶独自在房间看电视，在好奇心的驱使下她播放了那张色情光碟，可是只看了十来分钟就慌张地关掉了电视。

从那以后，晶晶就像变了个人，不爱说话，神情紧张。老师和同学们也反映，晶晶有些异常。赵先生猜想，晶晶肯定是无法接受色情光碟的淫秽内容，但那些画面在她的脑海中挥之不去，所以才产生了心理障碍。意识到问题的严重性，赵先生和妻子带晶晶去看了心理医生。

后来，晶晶出现了强迫症和抑郁症状，赵先生只好为其办理了休学。经过七个月的治疗，晶晶的情况有所好转，重新上学。可没过多久，晶晶又变得默不作声。

女儿，也许你认为晶晶太脆弱了，一部色情影片就能把她毒害成那样，但爸爸想说的是，色情影视、图片、书刊等对青少年造成的负面影响确实很大。

首先，色情影视、图片、书刊中性行为的暴力程度会让青少年感到害怕，色情画面和情节会刺激青少年进行超越年龄的性探索，破坏他们性心理发展的正常轨迹。所以，当青少年看到色情影视、图片、书刊时，对其心理的伤害就已经发生了。

其次，色情影视、图片、书刊等内容比较低俗，只能给青少年带来恶劣的感官刺激，污染青少年纯洁的心灵，甚至传递一种扭曲的性观念和爱情观。所以说，色情影视等内容对青少年的伤害是深远的。

然而，由于中国很多学校、家长对青少年的性教育缺失，青少年接受性知识只能靠其他途径，比如上网查看性知识，看色情影视、色情图片、色情书刊等，这又进一步加大了色情影视等内容对青少年的毒害程度。

女儿，你知道吗？在网络信息发达的今天，色情网站、色情信息泛滥成灾。据统计，每1秒就有约3000万人在网上看色情片。在所有的网络搜索中，25%的信息与色情有关。另一项研究显示：10~17岁使用网络的青少年中，有42%表示自己在过去的一年中在网上看过色情片。更有一些不法分子，通过故意传播色情淫秽内容谋利。

2016年5月8日，家住南宁的唐先生发现女儿用他的手机聊QQ时神情有些异样，在女儿把手机还给他之后，他特地看了一下女儿的聊天记录，结果令他大吃一惊：女儿加入了一个QQ群，群名为"今晚×××"，群里聊的都是色情淫秽内容，还有人发色情视频，内容十分露骨。

唐先生发现，这个群有严格的规定，群员必须先交两元钱，才可以在群里待一个月。如果不交，就会被踢出去。如果想长期待在群里，要交五元钱。在群里有什么好处呢？那就是每天可以观看群成员分享的色情影片。如果想下载影片，就必须把色情影片分享到QQ空间。

在经过一番询问后，女儿告诉唐先生，她是在QQ空间里看到一个"兴趣部落"，然后加入一个名为"教你扎头发"的话题组时，无意看到有人分享这个群号，然后她就进了群。由于对群主发的视频感到好奇，所以就看了几次。

女儿，你看到了吗？想在网络上观看色情淫秽信息，那简直如同从地上捡垃圾一样容易。爸爸没办法控制网络环境，让你在纯真的网络环境中成长，只能教你们这些青春期的孩子如何抵御色情影视、书刊、图片的诱惑，如何避免被色情淫秽信息毒害。

为此，爸爸给你提出以下建议：

1.与色情网站划清界限，做到不打开、不浏览

女儿，青春期女孩的身体正处于快速发育的过程中，很容易对家长和老师很少提及的性知识产生好奇，甚至容易在好奇心的驱使下，主动去探索性知识。在探索的过程中，很容易误打误撞点击色情网站，或有意识地去寻找色情影片观看。这对你们的身心健康危害很大。因此，爸爸希望你在主动了解性知识的同时，主动与色情网站划清界限。如果上网时有色情页面弹出来，希望你控制好自己的好奇心，赶紧关闭页面，坚决做到"不打开、不浏览"。

2.主动安装绿色上网软件，防止色情网站侵扰

女儿，在上网的时候，为了防止色情网站冷不丁地弹出来侵扰你、诱惑你，爸爸建议你安装一些绿色上网软件，或通过设置网址黑名单和关键词等方式过滤不良网站或普通网站中的色情信息，以创造绿色、健康、安全的个人网络环境。使用网络时，不要浏览一些色情网站，或者观看一些色情影视作品，以防受到黄毒侵害。如果无意中发现色情网站，你可以向网络监管部门举报，或者告诉爸爸，由爸爸来举报，让更多的青少年免受黄毒的侵害。

3.用正确的心态欣赏文学艺术作品中的性描写

女儿，像你们这个年纪的青春期女孩，阅读、欣赏文学艺术作品是很正常的事情，既可以提升自己的文学素养，又可以丰富自己的情感。但爸爸告诉你，有些文学艺术作品中也有一些性描写的内容，比如，言情小说中，就会针对男女亲吻、拥抱、做爱等爱的表达进行唯美的描写。这要求你用正确的心态去欣赏，去吸收作品中的营养。而不能由此联想到色情情节，引发令人血脉偾张的性幻想。

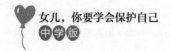

任何情况下，都不要轻易献出自己的童贞

在中国人的传统观念中，"贞洁"对女孩来说是非常敏感、非常重要的字眼。当然现在已经是21世纪，很多女孩的性观念越来越开放，但开放并不代表随便，任何时候都不能轻易献出自己的童贞。

每个青春期的女孩都渴望得到男生的好感和追求，几乎都憧憬浪漫的爱情。但是我的女儿，爸爸提醒你：任何情况下，都不要稀里糊涂地献出自己的童贞。这并不是传统观念作祟，而是出于对你身心健康的考虑。知道吗？一旦你献出了童贞，可能就会出现以下三种情况：

情况一：经常被对方提出性要求

男生一旦尝到了"性"的滋味，就很容易忘记和你谈情说爱，反而隔三差五就会向你提出性爱的要求，你们之间仅有的感情空间会被"性"填满。如果你拒绝，男生很可能会生气，认为你不爱他，甚至以分手来威胁你，或者以"增进感情"为理由劝你答应他。而你害怕分手，为了留住他，不得不委屈自己一次又一次地接受他的性要求。

情况二：提心吊胆，生怕怀孕

女儿，青春期少男少女由于缺乏正确的性知识、性常识，比如"戴避孕套不舒服""吃避孕药会变肥""体外射精没问题""安全期很安全"等等，而非常容易怀孕。另外，很多男孩为了追求性爱时的快感而拒绝采取避孕措施，客观上也会增加女孩怀孕的风险。这些不负责任的做法，留给女孩的往往是无尽的担忧——"我该不会怀孕吧？""万一怀孕了怎么办呢？"

情况三：人流的代价是惨痛的

女儿，青春期女孩在性行为中是被动的一方，因为一旦怀孕，为了不影响学业，不影响个人正常生活，她们往往不得不选择"人流"。抛开道德及情感的压力，单纯堕胎这件事对女孩的危险也是非常大的。有些女孩怀孕后害怕被家人知道，甚至躲着家人去一些不正规的医院做人流手术。如果不幸碰到医术不好、又没有医德的医生，还可能出现大出血、刮宫不干净等医疗事故，甚至由此导致将来不孕。女儿，这些不幸的遭遇，只有你一个人去承担，没有人能代替你。

女儿，以上三种情况绝不是危言耸听，它们在下面的案例中得到了印证。

在一次访谈节目中，有个女嘉宾回忆了自己的"第一次"。以下是她的自述：

我的"第一次"给了我的男朋友，当时我上初三，男朋友是我同班同学。在此之前，我们有一些边缘性行为，他也软磨硬泡地请求过我很多次，我一直都没有答应他。终于有一天，我趁家人都不在的时候带他回家。

当时我的性知识几乎为零，他的性知识全部来源于色情片，这导致我的"第一次"没有任何愉悦感。我当时甚至感到痛苦，可是他却并没有理会。多年之后，我才明白色情片中的许多性观念是错误的。比如，在色情片中，男女主角没有前戏，可以不戴安全套，甚至不尊重女性，而且很多姿势并不能带来愉悦感。

自从我把"第一次"给了他之后，他就经常跟我提这方面的要求。但因为我不快乐，又害怕怀孕，所以我有时候会拒绝他。这会令他很不满意，有时候几天不跟我联系。我们在一起的三年时间里，一半时间都在吵架、闹分手。在此期间，我吃过两次紧急避孕药，还有一次得了妇科病，这让我非常恐慌。

后来我上了大学，才开始看性方面的科普文章，我了解到更多正确的性知

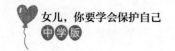

识，也在学校接受了心理咨询，花了很长时间转变自己的性观念，对这件事的后怕也逐渐减退。如果能够回到过去，我一定不会轻易献出自己的"第一次"。

女儿，看完这篇自述，你有什么感受呢？是不是意识到了女生不能轻易献出自己的童贞呢？如果你有这种意识，爸爸会为你感到高兴。爸爸只想告诉你，在不该献出童贞的年龄一定要守护好它，守住自己身体的最后一道防线，这是对自己负责的表现，也是自尊自爱的表现。

为此，爸爸在这里提醒你注意以下几点：

1.不要因为男生的甜言蜜语失去理智

女儿，其实很多女生并不是自愿献出"第一次"的，而是被男友连哄带骗、软磨硬泡骗走了"第一次"。男生哄骗的伎俩并不高明，不外乎甜言蜜语，外加一些小礼物，或挖空心思制造一些惊喜和浪漫，甚至还包括心术不正的欺骗，比如劝女朋友喝酒，然后趁虚而入等。

所以，我的女儿，爸爸要提醒你：小心男生的甜言蜜语，情话虽然动听，却不可信，因为很可能是男生带有目的的"哄骗""引诱"。在说完甜言蜜语后，男生很可能提出性要求，见你不同意，便苦苦哀求，或约你在外面玩，故意拖延时间，等到夜幕降临时，对你软磨硬泡，再把你哄到宾馆。比如，先承诺"我们只是去宾馆住一晚，我保证不碰你"；等你答应和他去宾馆后，他就可能和你搂搂抱抱；如果你没有拒绝的意思，他还会有进一步的动作。通过一步步得寸进尺，慢慢击溃你的防线。

所以，最好的防御办法是一开始就果断拒绝，不给对方和你独处一室的机会，彻底断了对方的念想。

2.不要试图献出自己的童贞来换取爱情

女儿，有句俗话说，"男人是下半身思考的动物"。男生为了得到一个女生的身体，可以对她说出连自己都不相信的甜言蜜语。如果你把这些情话当作他爱你的证明，满心欢喜地沉浸在所谓的"爱情"中，那你就太天真了。

女儿，你知道吗？在你们未成年之前，性不过是一时的心血来潮，没有人会对它持久负责。哪怕有个男生对你做出郑重承诺，说会爱你一辈子，保护你一辈子，将来一定会娶你等，那也不过是一句空话。因为一旦他对你失去了新鲜感，或将来你们因求学而各奔东西，你们之间的感情就会烟消云散。所以，就算你非常喜欢某个男生，也不要幻想用自己的童贞换取他的爱。如果你这么做，反而会拉低你的人格，让你显得很轻浮。

真正的爱情不需要性关系来证明

女儿，你知道爸爸妈妈不赞成你在青春期谈恋爱，其中的道理相信你早已明白，但如果有一天，你不听爸妈的劝告，和你喜欢的男生恋爱了，那也请你守住自己最后的防线——当对方提出性要求时，请你果断地拒绝，哪怕对方以"分手"相要挟。

某中学一名14岁女孩与同班男生早恋，父母对这件事并不知情，直到有一天，父母发现女孩怀孕了，十分震惊和气愤，随即带她去医院做了人流手术。一段时间后，女孩的身体逐渐恢复，但心理阴影却挥之不去。

无奈之下，父母只好带她去接受心理治疗。经过心理专家的耐心引导，女孩坦诚讲述了自己和男朋友发生性关系的心路历程。

女孩说，男朋友很喜欢她，平时很照顾她，她也很爱对方。当男朋友对她提出性要求时，她起初并不同意，但对方很不高兴，还说她不爱他。为了证明自己是爱他的，她只好不太情愿地答应了他。有了第一次之后，他们就有了第二次、第三次……

"你答应了他第一次的性要求后，他是否更爱你了呢？"

面对心理专家的问题，女孩低下了头。她说起初男朋友确实对她更好了，可是后来对她就越来越冷淡了，反而不像之前那么关心她。每次只在发生性关系时，才说几句甜言蜜语。当她把自己怀孕的事情告诉男朋友时，男朋友甚至有点不耐烦。说到这里，女孩已经泪眼模糊了……

女儿，不知道你看完这个案例，内心有怎样的感受？对于青春期所谓的爱情，不知你是否有了更深刻的认识？

这个案例告诉我们一个深刻的道理：真正的爱情不需要性关系来证明，而需要性关系来证明的爱情，绝对不是真爱。就像一位思想家说的那样："真正的爱情，是表现在恋人对他的偶像采取含蓄、谦恭甚至羞涩的态度上，而绝不是表现在随意流露热情和过早的亲昵上。"

女儿，你要记住：爱情是神圣的，不容玷污。性行为是爱到情深之时，在顺其自然、两情相悦的意境中发生的，绝不是一方对另一方的强迫，或一方对另一方的乞求。真正的爱情不是用身体换来的，真正爱你的人也不会强迫你做不愿意做的事情。

另外，青春期是学习的关键期，女孩不该在这个年纪承受"性行为"带来的痛。因此，千万不要陷入早恋的旋涡，更不要在恋爱之后，用性关系去证明你们之间所谓的"爱情"。那么，具体而言，在这方面该如何保护自己呢？

1.不要与对方有过于亲密的行为

女儿，青春期男女朋友在交往时，很容易因为肢体上亲密接触而擦出性欲的火花。为了避免勾起男生的欲望，爸爸建议你尽可能与对方保持身体上的距离，不要有过多的亲密行为。特别是当你们单独相处时，更要避免过于亲密的肢体接触，例如接吻、搂抱等，很容易刺激男生产生强烈的想得到你身体的欲望。

2.用冷静的头脑拒绝对方的性要求

女儿，几乎所有早恋中的女孩，都会遇到男朋友提出性要求的情况，它就像一枚禁果，本身带有巨大的诱惑，也会让女孩忍不住好奇心。爸爸希望你在早恋之初就告诉男生，你的恋爱底线和原则是什么，那就是不能和对方发生

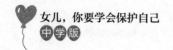

性关系。如果提前说明了，那么当男友提出性要求时，你就可以理直气壮地拒绝他。

当然，面对你果断的拒绝，对方肯定会有所反应，比如不高兴，或说你不爱听的话等，对此爸爸希望你不要往心里去。如果他真的因此分手，那未尝不是一件好事。因为那只能说明他不爱你，只是渴望得到你的身体。

3.如果对方强迫你，请马上断绝与他交往

女儿，有的男孩借恋爱之名想要占有女孩的身体，甚至在提出性要求被拒绝后，强迫女孩与他发生性关系。面对这样的男孩，你一定要马上提出警告，如果对方没有停止动作，你可以大声呼救，迫使对方放弃侵害你。当然，脱离危险后，对于这样的男孩，你一定要与他断绝交往。如果他还对你纠缠不休，你可以向爸爸妈妈或老师说明情况，大家会及时介入保护你。

不要为了金钱等而出卖自己的身体

某网站上曾报道过这样一则新闻：

2015年7月，家住深圳宝安区的唐先生发现，才上初一的女儿小静（化名）最近经常不回家。后来，他在女儿的手机中发现了女儿涉嫌卖淫的信息，其中的一些赤裸裸的数字，如"2000块钱陪一晚上"等，让唐先生看到后感到既气愤又汗颜。随后唐先生报警，在警方的调查和协助下，将嫌疑人抓获。

女儿，看到这样的新闻，你肯定感到很震惊吧？但爸爸要告诉你，这并不是个案，类似的新闻还有很多。有些女孩更是"不以出卖身体为耻，反以为荣"，甚至组团去卖淫，而且理由很荒唐，竟然是"我不偷不抢，有什么不对的？"

2011年11月，上海市闸北区检察院披露一起由二十多名在校女中学生组团的卖淫案。据称，所有涉案女孩均来自于初中或高中，大都未满18周岁，其中有两人未满14周岁。

实际上，这些女孩卖淫并不是受人所迫，而是出于自愿。因为她们平时经常在一个圈子里混，通过"一带一"的形式拉人入伙，慢慢形成了一个二十多人的

卖淫圈子。与此同时，她们的嫖客也形成了一个相对固定的圈子。

女儿，看到这里，你是不是瞬间感觉"三观"尽毁？你会不会疑惑：为什么那些女孩要出卖自己的身体呢？实话告诉你，她们出卖自己的身体，为的是换取物质上的享受，以满足极度膨胀的消费欲和虚荣心。其实有些女孩家里不缺钱，甚至很富有，但由于她们虚荣心暴涨，追求高消费，习惯了花钱大手大脚，家里给的零花钱远远不能满足她们的需求，因此她们加入了卖淫组织。

女儿，青春年华是宝贵的，身体健康是无价的。为了金钱出卖自己的身体，不仅是一种道德沦丧的行为，还会给自己的身体健康埋下巨大的隐患。例如，容易意外怀孕，患妇科病、艾滋病，等等。青春期的少女本该积极上进，认真求学，若走上歧途，只会给自己留下无尽的悔恨。所以，无论如何都不能为了金钱出卖自己的身体。在这里，爸爸给你几条忠告：

1.远离不良的朋友圈子

女儿，有句古语说得好："近朱者赤，近墨者黑。"那些为了金钱而出卖自己身体的女孩，大多并不是单独去卖身的。她们之所以卖身赚钱，往往是受到不良朋友圈子的影响。要知道，不良朋友圈子里往往充斥着浓烈的拜金思想、攀比风气、虚荣之心。混迹于这种社交环境里，每天听到的都是负能量的东西，如谁今天赚了多少钱，买了个多少钱的包包，吃了什么好吃的，再看看自己穿的、用的都是廉价的，再单纯的女孩也会变得爱慕虚荣、贪图享乐、世俗拜金。

有个女孩见身边的同学都买高档的化妆品、最新款的手机，还有吃不完的大餐和零食，十分羡慕。为了多挣点钱买自己想要的东西，她在暑假找了一份兼职，每天辛辛苦苦才挣80元，根本满足不了她的需求。后来有个同学对她说："你怎么那么傻啊？这年头谁还靠打工挣钱，我给你介绍一个轻松挣钱的活……"

听完同学的"发财路子"，女孩陷入了激烈的思想斗争中，最终她还是去了。起初她还有些愧疚，觉得对不起父母，可是当完事之后，她得到了一个月的生活费。那一刻她觉得赚钱太容易了，赚来的钱也不会珍惜，而是大手大脚地花，花完了再去赚。如此反复，在出卖身体的道路上越陷越深。

女儿，看完这个案例，你明白了朋友圈子的影响力了吧？那些失足的少女并不是主动变坏的，而往往是被身边的人带坏的。身边的人有意无意的一句话，就可能把没有定力、缺乏理智的女孩引入歧途。所以，一定要远离不良的朋友圈子，给自己一个纯洁的交际圈子，让自己吸收更多正能量的东西。

2.对金钱要有一颗平常心

女儿，在当今这个物欲横流的社会中，有些女孩拜金思想严重，眼里只有物质，只有金钱，为了获得金钱甚至不惜出卖自己的身体。父母给了她们生命，小心翼翼地呵护她们成长，她们却肆意糟践自己的身体，试问父母的感受会怎样？

女儿，人活着可以平凡，但不能平庸，可以没有钱，但不能没有精神和灵魂，不能没有基本的伦理道德。否则，人生就失去了重要的意义。因此，爸爸希望你对金钱要有一颗平常心。需要零花钱的时候，可以跟爸爸妈妈说，爸爸妈妈会尽量满足你合理的要求。当然，最重要的是你要养成合理的消费习惯，明确什么是自己真正需要的。

3.永远带着积极的目标去生活

女儿，在前面的案例中，有些女孩出卖自己的身体，不完全是为了赚钱，而是因为没有积极的生活目标，整天无所事事，感到空虚寂寞，才自甘堕落的。没有积极目标的人，就像断了线的风筝，迷茫地随风沉浮。没有积极目标的人，如同行尸走肉，虚度年华而不知悔恨。因此，爸爸提醒你千万不要失去积极的目标，即你要明确自己想成为什么样的人。比如，在学校里，你想成为什么样的学生？想取得怎样的成绩，将来想考入什么样的高中、大学？如果你明确了这些问题，并脚踏实地地去行动，相信你一定能成为健康阳光的女孩。

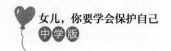

重视性伦理道德，不崇尚所谓的性自由

女孩十二三岁后开始进入青春期，身体迎来了生长发育的黄金时期，具体表现为乳房逐渐隆起变大，臀部变圆，体内会分泌大量的雌性激素，性欲开始产生。在心理上，青春期女孩渴望与异性接触的欲望增强，会对性方面的知识产生好奇，比如，喜欢看爱情片、言情小说、性科普书籍等，甚至会偷偷看色情片，并由此产生性幻想、性联想。

在有些青春期女孩看来，如今是一个性开放的年代，年轻人要崇尚性自由，不要压抑自己。在这种思想观念作祟下，她们把传统的伦理道德抛在了一边，盲目地与他人发生性关系，美其名曰享受性爱，弘扬性自由。结果，毁了自己的身体，败坏了自己的声誉，影响了自己一生的幸福。

女孩小青（化名）在初一时进入青春期，由于生理发育带来的懵懂性欲，她变得喜欢探索性知识，经常偷偷上网看与性有关的知识，还看过不少色情片。虽然她知道这样不好，但体内的性欲就像一团团火苗，时不时蹿上心头，使她忍不住去看。

初二时，班里转来了一名新同学，她的名字叫小兰，她是跟着父母的工作调动从大城市转过来的，而且碰巧和小青同桌。小兰比小青大一岁，她对性方面的了解程度令小青吃惊。小兰对小青说，她从来不压抑自己的欲望，她还把自己的性经历讲给小青听，小青听得心里痒痒的。

听得多了，小青也想尝试性行为。于是，她试着与班里帅气的男生接触，并表现得很轻浮。很快，她就交到了男朋友，并且很自然地和对方发生了性关系。之后就有了第二次、第三次。渐渐地，那些伦理道德被她抛到九霄云外，她对性行为越来越随便。

不仅如此，小青还频繁更换男朋友，寻找新的性伙伴，甚至和社会上的小混混发生性关系。可是由于她缺少基本的避孕常识，多次怀孕，并做了多次人流手术。就连给她做手术的医生都认识了她，医生告诉她："女孩不能这样随便怀孕，否则身体早晚要垮掉！"

可悲的是，小青并没有把医生的话当回事。后来，当她再次做人流手术时，医生告诉她：由于多次流产，可能以后会失去生育能力……

在这个案例中，小青和小兰所坚持的性自由思想是扭曲的。这是一种极端的性价值观，认为身体是自己的，可以随意处置，别人无权干涉。性自由思想最早源于20世纪60年代的美国，它抛弃了对性行为的社会制约，否定了传统性道德的合理性，把性自由等同于性放纵、性滥交。可是结果怎样呢？

那就是，在美国社会推崇性自由的1960年至1980年间，美国众多家庭支离破碎，离婚率、犯罪率大幅攀升，未婚生育的女性大幅度增加。更严重的是，性行为成为艾滋病传播的主要途径，造成了艾滋病肆意蔓延。

当时美国有一组调查数据显示：16岁青少年中，66.7%的人有过性行为；平均每天有2000名少女怀孕，其中50%做了人流手术，另一半选择做了"少女妈妈"；平均33%的新生儿是未婚妈妈所生；患有艾滋病的人群中，青少年占了20%。

女儿，当你看到这些令人痛心的数据时，是否意识到"性自由""性放纵"带来的可怕结局？虽然时代越来越开放，人们的性观念也变得更开放，但

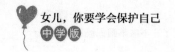

这并不等于女孩可以放纵自己的性欲，随意跟别人发生性关系。

为此，爸爸要让你明白以下几点：

1.真正的性自由是有约束的

女儿，真正的自由是有边界的、有约束的，即在某个规则范围内才能去享受自由。就像我们每个人都有人身自由，但前提是遵守法律法规。如果违背法律，例如杀人越货、拦路抢劫，那就违背了自由论，必然会受到法律的制裁。同样，性自由也是有边界的、有约束的，这个边界、约束就是基本的性伦理道德。

性伦理道德是一种观念上的约束，虽然没有成文的约定，但其实大家都能明白，并且在潜意识中约束着每个人的行为。比如，性行为必须以爱情为前提；同一时期内，只能与一个人发生性关系；发生性行为的双方要出于自愿，不得带有强迫性；只有建立在爱情基础上的性行为，才能达到精神和肉体的和谐统一。

2.消除性欲不一定要靠性行为

女儿，青春期少男少女有强烈的与异性亲密接触的心理和生理需求，但这个年龄段的孩子由于经济不独立，心理发展还不够成熟，且处在求学的关键期，因此不可能结婚组建家庭，过两性生活。当然，未婚同居也不符合社会规范和伦理道德。所以，青春期少男少女会在一定程度上压抑性欲。与此同时，性心理专家指出，青春期的孩子过分压抑性欲对身心健康是不利的。那么，到底应该怎样克制性冲动，消除性欲呢？我们先来看一个案例：

高中女孩小丽经常忍不住产生性幻想，欲望强烈的时候还会忍不住自慰，高峰的时候甚至每天自慰一次。每次自慰之后，她都觉得内心的欲火得以熄灭，感到全身心都得到放松。但事后她却感到自责和羞愧，觉得自己不正经，甚至是变态、不正常，但又不知道如何摆脱这种行为。为此，她感到很苦恼。

女儿，不知道你对性幻想、自慰是怎样看待的？事实上，性幻想和自慰是正常的。性幻想是伴随性欲自然而然产生的一种联想，并不代表思想肮脏、内心不纯洁。而自慰是一种合理的宣泄，适度的自慰不仅无害，还有益于身心。因此，千万别把它和"淫秽""下流"等概念联系起来，给自己造成不必要的精神负担。

但是，爸爸要提醒你：自慰一定要注意适度原则，过度的自慰容易造成精神萎靡、意志薄弱、食欲减退、头昏眼花、失眠等症状。所以，希望你能通过积极的自我暗示和转移注意力等方法来打消频繁的自慰念头，控制内心的性欲。另外，当你与男生交往时，要注意把握交往的分寸，交往的内容要有益、健康，避免庸俗、低级。

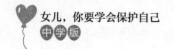
受到性侵害，要及时告诉家长或报警

性侵害指的是非意愿性的和带有威胁性的各种性攻击行为，比如强奸、猥亵。在性侵害过程中，常伴有这样几种性接触如接吻、侵害者触摸受害者的隐私部位、侵害者引诱或强迫受害者触摸其隐私部位、强迫各种形式的性交等。那么，遭受性侵害后，受害者选择沉默，能给自己换来平安吗？答案是否定的，沉默换不来安全，相反，还会失去维权的最佳时机。让我们来看一个案例，希望你能从中明白一些道理。

2017年，宁夏灵武市检察院审理了一起性侵案件：一名男子长期强奸自己的继女，在继女成年后，仍不收手。最终，继女忍无可忍，选择了报警。但由于侵害的时间跨度太长，相关证据保存不足，法院只对该男子做出了有期徒刑6年的判决。

女儿，通过这个案件我们可以得到一个启示：遭受性侵害后，一定要及时报警。及时报警不仅有利于警方调查取证，还能让受害者及时前往医院进行检查，以防感染性病，从而把性侵害带给受害者的伤害降至最低。

女儿，像你们这么大的青春期女孩，就像春天里竞相绽放的花朵，绚丽多彩，芳香四溢。你们在惹人爱怜的同时，也容易遭到不法分子的性侵害。为了更好地预防性侵害，或在性侵害后及时保护自己，爸爸建议你这样做：

1.认清性侵害犯罪的三大特点

女儿，对于青春期女孩来说，有必要了解性侵害犯罪的特点。

特点一：熟人作案十分常见

上海市第二中级人民法院曾经做过一份《关于性侵害未成年人案件的调研报告》。报告中显示，性侵害犯罪通常以熟人作案为主，比如，成年的亲戚长辈、邻居、朋友、老师等。这些人经常以长辈、大人的身份来命令、威胁孩子"不准告诉家长"，使孩子感到害怕而不敢说出去。但爸爸要提醒你，千万别害怕，事后一定要及时告诉父母或报警。

当然，除了熟人作案，陌生人也可能是性侵害的犯罪者。比如，网友见面，见色起意；女孩晚上回家，被陌生人跟踪，然后被强行侵犯。所以，小心提防身边的熟人，也要防备形迹可疑的陌生人。

特点二：作案地点比较隐蔽

性侵害犯罪的地点通常在较为隐蔽的封闭场所，比如，犯罪者的住处、受害者的住处、KTV的包厢、网吧洗手间、路边的绿化带、小树林等。如果是在户外，通常晚上的案发率较高。这也提醒你们女孩，晚上尽量不要单独出门，不要走人少的偏僻路段。

特点三：以欺骗、威胁为主

性侵害犯罪的方式通常以欺骗、引诱、威胁为主，比如在饮料中下药，或劝受害者喝醉后实施性侵，持刀威胁、逼迫受害者发生性关系。

2.被性侵害时先确保人身安全再反抗

女儿，你必须认清一个事实，青春期女孩的反抗能力非常有限，而且性侵害犯罪者可能手持凶器，作案时情绪紧张。如果你拼命挣扎、大声呼喊，往往很容易激怒犯罪者，从而给自己带来更严重的人身伤害，甚至因此丢掉性命。所以，在面对威胁、暴力性侵害时，一定要先确保人身安全再想办法逃跑。

2015年的一天，女中学生小花（化名）在回家的路上被一名陌生男子搭讪，对方哄骗小花上车为他指路，然后将小花带到偏僻路段，对小花实施捆绑、殴打、猥亵。小花见无法逃脱且四处无人，便哄骗男子驾车去宾馆。男子开车带着小花到闹市区找宾馆，小花见周围人多，马上强烈反抗，引起了周围群众的注意，坏人因害怕而丢下小花，驾车逃跑。

女儿，小花是不是很机智呢？她在确保自身安全的情况下，逃脱了男子的控制，成功避免了更严重的性侵害。这种遇事冷静、机智的表现，值得每一个女孩学习。

3.在遭受性侵害后，一定要及时报警

女儿，在遭受性侵害之后，一定要及时报警。千万不要被"我怕自己的形象受损""我怕遭到报复"等不正确的想法影响，而选择默默忍受。你要认识到，忍受就是纵容犯罪者，忍受的结果还可能导致自己一而再、再而三地遭遇性侵害。因此，必须坚决拿起法律武器保护自己，让犯罪者受到应有的惩罚。

具体来说，在遭受性侵害后，要做到这几点：

（1）拨打110报警电话，如实向公安机关说明自己经历了什么，或直接跟爸爸妈妈说明情况，由爸爸妈妈来报警，或带你直接去公安机关报警；

（2）不要急于洗澡、换衣服等，以免犯罪证据被清除，不利于警方调查取证。

（3）及时去医院检查，避免怀孕或感染性病。

（4）必要的话，可以寻找专业机构进行积极的心理辅导。

有必要了解一下怀孕、避孕这些事

某地曾经发生过一起令人震惊的"高中女生抛婴案"：一个女婴被无情地从六楼抛下，摔死在冰冷的水泥地上。公安机关接到报警后，仅用了五个小时就破获此案，杀死婴儿的凶手居然是她的亲生母亲——年仅17岁的高中女生小储（化名）。

小储是一名高二学生，上高一的时候她和同学张某关系亲近，在张某的追求下，小储答应与之谈恋爱。有一天，张某约小储来家里玩，两人一起看色情片，冲动之下发生了性关系。

可悲的是，看着渐渐隆起的肚皮，小储不知道这是怀孕的表现。更可悲的是，小储的父母也没有察觉到女儿的变化，以为女儿只是长胖了。直到有一天，小储上学时感到肚子疼，校医居然说可能是痛经，给她开了止痛片，让她请假回家休息。

小储回到家后，肚子疼得连吃药的力气都没有。没过多久，竟然有个东西从下体滑了出来。她吃惊地一看，居然是个婴儿。她惊慌失措地用被子盖住婴儿，心想等会儿爸爸妈妈回来了就完了，于是她把婴儿从六楼扔了出去。

女儿，我们真的不敢想象，小储亲手扼杀了自己的亲骨肉。更无法想象的

是，小储怀胎十月，居然一直不知道自己怀孕了，而且她的父母也没有察觉到她的异样。这显然是毫无生理常识的表现。

近年来，受到社会大环境的影响，如今的青春期孩子启蒙得越来越早，性观念也越来越开放，但所接受的性教育和所拥有的性知识却相对较为缺乏。特别是避孕这方面，她们往往缺少必要的心理准备和正确的避孕方法，这很容易导致意外怀孕，而一旦怀孕，势必会给自己的身体带来巨大的伤害。

女儿，爸爸一直强调，任何情况下都不要轻易献出自己的童贞，因为真正的爱情不需要性关系来证明。希望你能做到这一点。可是，有些女孩做不到这一点，还是与人发生了性关系。面对这种情况，爸爸只想说一句：如果一定要发生性关系，请做好保护措施，以防怀孕。

说到避孕，有些青春期少男少女可能会说："避孕还不简单，可以算安全期啊，还可以体外射精！"女儿，爸爸郑重地告诫你：这两种避孕方法是不科学的，会有很大的怀孕风险。

首先说经期避孕，虽然女性在经期前后怀孕的可能性不大，但并不能完全排除怀孕的可能。因为有的女孩经期比别人短，而男生的精子进入体内，可以存活几天，这样就可能会怀孕。根据研究结果显示，在一年内尝试经期避孕（即经期体内射精）的夫妇中，意外怀孕的占了20%。可见，这种避孕法并不靠谱。

接着再来说说体外射精避孕，即在即将射精的瞬间"抽身而出"。殊不知，男生阴茎在性爱过程中，也会产生少量精液，这里面就含有精子。退一步讲，即将射精的时候，男生能确保及时"撤退"吗？恐怕这要打一个大大的问号。

接下来，爸爸要介绍一些常用的科学的避孕方法，希望你能牢记于心：

避孕方法一：戴避孕套

避孕套又叫安全套或保险套，它是一种以非药物形式阻止女性受孕的最简单、最常用的避孕工具。它操作简单，没有副作用和不良反应，只要用正确的方法戴上避孕套，并在性行为过程中确保避孕套没有破损、不取下避孕套，避孕成功率可达到98%。另外，戴避孕套避孕还能有效地预防性病和艾滋病等疾病的传播。

这里，爸爸要提醒你一句：避孕套应该在性行为正式开始前戴好，千万不要抱着侥幸心理，认为只要在快射精前戴上避孕套就可以避孕，这种认识是错误的。

避孕方法二：口服避孕药

避孕药分为四种，即紧急避孕药、短效避孕药、长效避孕药和外用避孕药，下面来逐一介绍：

（1）紧急避孕药

紧急避孕药是一种事后避孕药，通常针对常规避孕失败采取的事后补救措施，比如，在性行为过程中发现避孕套破了、滑落了，为了防止精液射入导致意外怀孕，事后（72小时内）可以服用紧急避孕药。不过，紧急避孕药很容易导致经期紊乱。若长期服用，会对女性身体健康造成一定的影响。

（2）短效避孕药

短效避孕药是一种常规的避孕方法，但是它在人体内发生作用的时间很短，停药后即可恢复生育能力。而且这种药物必须每天服用，服用量较大，对女孩身体会造成一定的副作用。

（3）长效避孕药

长效避孕药通常一个月只服用一次，或几个月服用一次。但是由于这种药物会导致进入体内的激素量比较大，所以一般停药半年后才能再次怀孕。当然，如果经常依赖这种药物来避孕，有可能造成女性不孕。所以，建议慎用。

（4）外用避孕药

外用避孕药是一种化学制剂，放在阴道深处，子宫颈口附近，使精子在此处失去活动能力而无法通过子宫达到输卵管与卵子结合，从而达到避孕的效果。因此，外用避孕药又被称为杀精剂。但这种避孕法对于少男少女来说，可

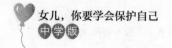

能操作上有一定的难度。

此外，还有宫内节育器避孕法，这种节育器就是俗称的避孕环，这是一种放置在子宫腔内的避孕器具，可由金属、塑料或硅橡胶制成。避孕环避孕法是一种长效避孕方法，据统计，通过上环有效避孕的概率在87.2%左右。但避孕环必须由正规医院做手术放置，可能会引起子宫内膜出血，还可能导致子宫内形成炎症，严重的可导致白带异常，所以并不推荐。

女儿，是药三分毒，任何药物都会对身体产生不良反应，如果盲目、长期、大量服用或使用这些避孕药物，很容易导致药效降低，出现月经紊乱的症状。严重时甚至可能会导致闭经，影响女性正常卵巢功能，并造成女性的终生不孕。所以，如果可以的话，尽量使用避孕套避孕，而不建议服用药物避孕。

第七章

网络是把双刃剑，别不小心伤了自己

　　女儿，近年来随着网络技术的不断发展，人们的工作、生活、学习越来越离不开网络。然而，网络是一把双刃剑，在给我们带来极大便利的同时，也潜藏着诸多风险，比如各种网络诈骗、黄赌毒等不良信息等。因此，爸爸希望你提高警惕，谨防上当受骗或误入歧途。

谨慎添加陌生人的QQ、微信等社交账号

女儿，你登录手机QQ、微信时，是否收到过陌生人添加好友的提示信息？有些提示信息中还附带留言，诸如"朋友介绍的""QQ上发消息你咋不回呢""我是李姐，找你有事""朋友推荐我，求通过"，甚至微信添加好友的信息里显示"来自手机通讯录好友"等等，可是你想了半天，也想不起来对方是谁？难道是你太健忘了？

女儿，事实上并不是你太健忘了，而是根本就没有人推荐对方加你。那么，陌生人加你为好友背后的目的是什么呢？他们到底想干什么呢？想弄清事情的真相，我们不妨先看三个小案例：

案例一：美女卖茶叶

这天，高中女孩晓倩收到一个陌生人的微信添加请求，她一看对方是女孩，想都没想就同意了。对方很热情地和晓倩聊天，聊天中讲到自己是一名在校大学生，因为爷爷身体患了重病，假期在乡下替爷爷照顾茶园，恳求晓倩照顾一下她的生意。

晓倩心想，父母都爱喝茶，那就买点茶叶吧，于是用自己平时存下的零花钱和压岁钱，买了500元的上等好茶。可是，付款一个星期了，还没有收到茶叶。

晓倩去微信里找那位美女姐姐，想问一问怎么还没到货，可她发现自己已经被对方"拉黑"了。这时她才意识到自己上当受骗了。

案例二：稳赚不赔的赌博

有个高三女孩说，有一次一个陌生人加她QQ，邀请她进了一个QQ群，里面的人都在某个软件上赌博。她开始没有玩，但每天看到群里的人赢了几千，甚至几万元，就有些心动。正好父亲节快到了，而那段时间爸爸说想买一款按摩仪，女孩心想：我如果能赢点钱，买个按摩仪送给爸爸作为父亲节礼物，那该多好啊！

于是，她按照群主说的操作方法，把仅有的700元投了进去，可不到3分钟，她就输了个精光。当她急切地质问群主时，群主却说："这是意外，如果你再投500元，保证让你连本带利全赢回来。"女孩已经没有钱做赌注了，便找妈妈借钱，可妈妈一听到她讲的事情，马上说她上当受骗了，然后带她去报警。

案例三：借点路费好见面

初三女孩萌萌这天收到一个微信添加好友的信息，点开对方头像一看，是一个帅气的男孩。于是，她抱着好奇心接受了添加。对方很快就发来信息做自我介绍，萌萌得知对方是临县的一位高中生，喜欢打篮球，学习成绩也挺好。在随后的几天里，萌萌和这位网友聊得火热，还向他请教不懂的课本知识，对方也都耐心地讲解。

后来，网友"无意间"透露了"今天是我的生日"这样的事情，萌萌没多想，就给他发了66元红包，祝他生日快乐。对方在一番推辞之后还是收下了。又过了几天，对方说想见萌萌，但是爸妈给他的零花钱少，他没有路费来找萌萌。于是，萌萌又给他转了200元。

可就在萌萌期盼对方来本地找自己时，对方又说感冒了，还发来一张在医院输液的照片向萌萌借钱治病，萌萌犹豫了一下，还是给对方转了300元。可奇怪的是，后来对方总是找借口推迟见面，还对她不冷不热、不理不睬的。有一天，萌萌生气地要求他还钱时，他把萌萌删除了好友。

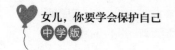
女儿，看完这三个案例后，你有什么感想呢？是不是突然意识到陌生人添加QQ、微信大多居心不良呢？事实上，陌生人添加微信好友，除了骗取财物外，还可能纯粹为了打广告，这类陌生人添加好友后，往往不跟你说话。当然，还有一些陌生人有更严重的犯罪目的，如骗色，你们这些青春期女孩不得不防啊！

近年来，不法分子通过社交软件实施诈骗的案件层出不穷，诈骗的方式方法更是五花八门，让人防不胜防。对于青春期孩子来说，由于正处于渴望交友的年龄，很容易把陌生人加好友这一行为视为一种交友机会，以为可以拓宽自己的交际面，丰富自己的交际圈子。可结果呢？往往是引狼入室，给自己带来诸多潜在的危险。所以，面对陌生人要求添加QQ、微信等社交账号的信息时，一定要小心核实，谨慎添加。具体来说，要注意以下几点：

1.一律拒绝不熟悉的人添加好友

女儿，如果你收到QQ、微信好友添加信息时，你不妨先在添加信息下面的"回复"中问对方："你是谁？"如果对方是经人介绍过来的，比如，对方是你同学的同学、你朋友的朋友或你某个亲戚，肯定会大大方方地自报家门。如果对方不说出自己的姓名，也不说找你有什么事，那你最好拒绝添加，然后删除请求添加好友的信息。

女儿，希望你不要接受陌生人添加好友的信息，这并不是说爸爸反对你广交好友，只是说由于网络的虚拟性使得人与人之间的信息不透明，你很难了解网络那端的人究竟有怎样的人品，有什么样的目的。因此，爸爸希望你把可能出现的诈骗风险扼杀在萌芽状态。毕竟眼不见为净，当你拒绝了那些心怀叵测的陌生人添加你为好友时，你上当受骗的可能性自然就大大降低了。

2.不得已添加，应设置对方的权限

女儿，我们出于某种需要，不得不添加陌生人的交友信息。比如，在网上看到一个感兴趣的课程，或想参加某个活动，但对相关事项不熟悉，只好添加相关负责人的QQ、微信，向对方咨询详情。这种情况下，为了保护个人信息，你可以设置一下权限"不让对方看你的QQ空间或朋友圈动态"，仅保留聊天功能。

3.收到借钱信息，坚决不要相信

女儿，如果你忍不住接受了陌生人QQ、微信添加好友的请求，而且还和他们聊得很愉快，那你也不能掉以轻心。特别是当对方向你索要红包、借钱时，哪怕借钱的理由听起来非常真实，哪怕激起了你强烈的同情心，你也不能相信。因为在虚拟的网络世界，你根本不知道对方在哪里，也不清楚对方借钱的理由是否真实。如果贸然借钱给对方，要回来的可能性微乎其微。所以，一定要记住：绝不借钱给网友。

不仅不借钱给陌生的网友，就算熟悉的人通过QQ、微信发来借钱信息，你也要先核实情况。比如，给对方打电话问明情况，或通过语音聊天、视频聊天和对方确认一下，谨防对方的QQ、微信被不法分子盗用，导致你上当受骗。

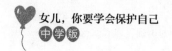

玩手机游戏、网络游戏要适度

在如今的很多家庭中，电脑和手机是常见的电子产品。女儿，相信你对它们也不陌生，虽然通过电脑和手机你们可以接收新信息、了解新知识、学习新技能等，但是很多孩子却不是利用手机、电脑查找资料、学习新知识，而是用来玩游戏。

2019年初，四川一名14岁女初中生在上学途中准备跳河轻生，被一名路人发现，路人及时拨打了报警电话。当民警赶到时，女孩已经走到河中间，民警马上冲入河中将女孩救了上来。

正值花季的女孩有什么事情想不开呢？民警询问后得知，原来这名女孩沉迷于手机游戏，她的父母多次教育劝阻，她都没有任何改变。当天早上，女孩起床后就埋头玩手机游戏，她的妈妈一怒之下将手机夺过来，并砸坏。

女孩一时想不通，在上学的路上欲跳河轻生。

最后，民警将女孩送回家，并和女孩父母进行了沟通。

女儿，你看到了吧，手机游戏、网络游戏非常容易成瘾，尤其是对你们这些自制力不强的孩子而言更是如此。例子中的这名女孩就是因迷恋手机游戏无法自拔，才差点铸成大错。

其实，每一年都有关于青少年迷恋手机游戏、网络游戏而走极端的案件发生，有的孩子甚至为此付出了生命的代价。

2016年6月，浙江一名13岁的女孩因手机被家长没收无法玩游戏，一气之下从四楼阳台跳下去摔成重伤。

2016年8月，福建省莆田市一名12岁孩子因沉溺于网游，连续打了五个小时游戏后猝死。

2017年6月8日，新疆伊宁市一名17岁女孩因沉迷于手机游戏，妈妈夺下她的手机并摔坏。她一时想不开，便爬上六楼准备跳楼，幸好民警及时赶到才将其解救下来。

青春期孩子独立意识与日俱增，有很强的主见性，喜欢做自己感兴趣的事情。与此同时，他们的心智尚不成熟，且意志力薄弱，一旦被游戏中紧张、刺激、惊险的情节吸引，就很容易迷上网络游戏，这会给青少年健康成长带来极为不利的影响。

首先，影响学业。青春期正值学习的关键期，一旦青少年沉迷于网络游戏，每天将耗费大量的时间用于玩游戏，这会严重耽误学习。况且，一旦青少年沉迷于网络游戏，根本就无心学习。

其次，严重影响身体健康。不论是玩电脑游戏还是手机游戏，都会给正处于青春期发育阶段的孩子造成极为不利的影响。比如，长时间盯着电脑、手机看，会损伤视力。长时间机械式地坐在电脑前，或躺着玩手机，也会导致腰酸背痛，甚至导致关节炎、鼠标手，甚至有的孩子因长时间熬夜玩手机或电脑而猝死。

最后，影响心理健康。网络游戏、手机游戏中充斥着暴力、色情、欺诈等不良的情节，很容易让青少年染上一些恶习。另外，由于长期沉迷于网络游

戏，缺乏必要的人际交往，还会使人与现实脱节，容易形成自我封闭的心理。

女儿，你知道吗？网络游戏被人们称为"电子海洛因"，一旦触碰将难以摆脱。因此，爸爸希望你不要沾染这一恶习，为此爸爸想和你达成以下协议：

1.爸爸妈妈保证决不做你的反面教材

常言说得好："父母是孩子最好的老师。"可是，现实中有些父母却没有扮演好这一正面的角色。特别是一些爸爸，他们一边沉迷于玩手机游戏，一边又训斥孩子"不准玩手机游戏"。这就让孩子感到很不公平，"凭什么你可以玩游戏，我不可以？"因此，他们对于爸爸妈妈的教育很不理解，也心存抵触。对此，爸爸妈妈向你保证：不会沉迷于手机游戏、网络游戏，决不做你的反面教材。

2.爸爸妈妈会抽时间陪你做有益的事情

女儿，紧张的学习是不是让你感到身心俱疲，让你在放学之后想从手机游戏中获得乐趣、放松身心呢？或者你觉得业余时间太无聊，没有什么事情可做，于是通过手机游戏、网络游戏打发时间？对此，爸爸妈妈向你承诺：以后会抽时间陪你聊天，陪你做有益的事情，比如出门散步，去广场上活动，亲近大自然等，让你的业余生活不再单调，这样就能减少你对手机游戏、网络游戏的依赖了。

除了爸爸妈妈陪你做有益的事情，你自己也可以寻找有意义的事情去做。比如，在网上学习一门新课程，了解一门新知识，还可以培养其他的兴趣爱好，比如游泳、画画、朗诵、唱歌等，从而让自己的业余生活更加丰富多彩。

3.适可而止，合理规划玩游戏的时间

女儿，手机游戏、网络游戏并不是不能玩，而是应该适度地玩，要做到适可而止，避免沉迷。如果你发现某款游戏真的很有意思，爸爸妈妈不会反对你玩，但你要控制好时间，一定不能沉迷其中，玩的过程中还应该不时地让眼睛休息一下，避免疲劳。

不要沉溺于那些社交、娱乐软件

2018年7月17日下午，四川省绵阳市某中学生因暑假长时间玩手机，被父母教育一番后，给父母发了一条短信"永别了"，然后跳入当地一条河中。幸运的是，该学生跳河时恰好被路过的一名交警发现，后被安全救起。

女儿，又是一个因沉迷玩手机，被父母批评后轻生的案例，不同的是该学生并非沉迷手机游戏，而是沉迷社交、娱乐软件。前几年微信很火，当时大街小巷都是"摇一摇"的声音，近几年"抖音""快手""火山小视频"等手机软件又迅速地抓住了人们的眼球。

有数据统计，抖音的用户群体中，85%的用户在24岁以下，而在拍摄抖音短视频的人群中，中小学生也占了相当大的比例。在不少中小学校园里，学生们一下课就凑在一起看抖音、快手，有些学生还互相比拼谁拥有的粉丝更多。

女儿，也许你觉得微信、抖音、快手这类社交、娱乐软件不同于手机游戏，毕竟后者是纯粹的虚拟游戏，而前者起码是社交工具，不仅可以获得很多乐趣，还可以接触世界各地有趣的人和事，对自身没有什么不良影响，果真是这样吗？

爸爸上网随便搜索一下，就能找到许多因痴迷抖音、快手等社交工具，而

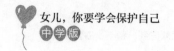
做出"毁三观"的事情的例子，例如：

例子一：

有个女孩拍抖音，让自己的猫在32楼的高空行走，结果猫从高空坠下摔死。事后，她还发微博悼念自己的猫，说猫是自己"心爱的东西"。明明是自己害死了猫，还假惺惺地悼念，这不明摆着是为了博取关注吗？

例子二：

抖音上有个视频，里面一个女孩发布抖音说"我妈妈被车撞死了，去医院晚了"，视频内容是女孩对着镜头一直哭。看到这个视频，网友纷纷表示怀疑："你妈妈都出事了，你还有闲心拍抖音？"

除了这些"毁三观"的社交、娱乐软件中毒者，还有一些人因沉迷社交、娱乐软件而造成自己或他人受伤害，甚至因拍抖音、快手而丢掉性命。

女儿，这些人中了社交软件的毒之后，和玩手机游戏、网络游戏上瘾的后果一样，不仅会浪费大量的时间，导致无心学习，甚至荒废学业，还会使自己浑浑噩噩，虚度年华。由于每天长时间沉迷于社交、娱乐软件，还会严重危害他们的健康，特别是损伤视力和颈椎；还会浪费金钱，比如在手机直播软件里打赏主播；更会诱发犯罪或上当受骗。

女儿，青春期的你正处于学习的黄金期、长身体的关键期，你应该珍惜时光，争取获得更多的知识。同时加强锻炼，强化自己的身体素质。对于手机社交、娱乐软件，爸爸建议你注意以下几点：

1.适可而止，切勿沉迷

手机社交、娱乐软件不是不能看，它们也有积极的意义，比如，充满了有趣、搞笑的内容，看后让人捧腹大笑，忘却烦恼，舒缓压力。但是，如果沉迷于这类软件，一有空就捧着手机，双眼紧盯着屏幕，那就走向了另一个极端。因此，爸爸希望你把握好适度原则，学习累了时，适当看一看这类软件，从中获得一些乐趣，但切记每次看的时间不能太长，以防损伤视力，耽误学习。

2.注意内容，有所选择

女儿，手机社交、娱乐软件中有些内容并不适合你们青春期的孩子看，比如一些恶俗、恶搞的内容，一些暴力、色情、犯罪的内容等。这些内容，爸爸建议你不要看，更不要模仿，而要多看有正能量的内容，比如那些专门的绘画、雕刻、象棋、书法、演讲的内容，就非常值得你去学习。

3.积极社交，尽量少"宅"

女儿，青春期的你们应该是活力四射、充满朝气的，而不应该整天宅在家里，一副萎靡不振的样子。如果你整天抱着手机，躺在沙发或床上，不仅容易伤害眼睛，对身体发育也不利。

因此，爸爸建议你多走出家门，和同学们、朋友们从事有益的集体活动，比如，户外写生、野炊、旅游，再比如到敬老院做志愿者，到文化馆参观学习，到图书馆阅读自己感兴趣的书籍，到广场上去放风筝，到果园里去采摘等，这些活动不仅可以丰富你的见闻，还能提高你的社交能力，真正让你感受到生活的乐趣和大自然的魅力。

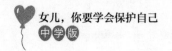

网络直播伤不起，尽量不要玩

女儿，提起网络直播，相信没有哪个孩子或家长不知道吧。近年来，随着网络直播的火爆，直播的内容也是良莠不齐，有些网络直播俨然变了味——直播内容低俗，尺度之大，令人咋舌。在当今网络高速发展的背景之下，人们的生活与网络紧密地联系在了一起，尤其是智能手机的普及，使得现在的很多孩子也拥有了手机，这极大地方便了他们接触网络，参与各种游戏和娱乐平台。另外，青春期的孩子，好奇心比较强，对网络上新奇、好玩的东西比较迷恋，加上心智也不太成熟，所以他们很容易陷入网络直播的泥潭，而不能自拔。

2018年年初，家住深圳盐田的龙先生碰到一件非常郁闷的事：银行卡里的钱通过微信被转走了2万元，而做这件事的不是别人，竟然是他年仅12岁的女儿。龙先生说，早在2017年10月微信就有转账记录。截至2018年年初，已经累计被转走了2万元。

12岁的女儿为什么要转走这么多钱，她用这些钱干什么呢？

不问不知道，一问吓一跳。经询问，女儿小芳告诉父亲龙先生：这些钱都是用来打赏主播的。每次转账结束后，小芳都会偷偷将父亲手机里的短信通知删除，以防被父亲发现。通过充值记录可以看到，小芳每次打赏主播的钱数不少于128元，有时候会在5分钟内连续充值近千元。

女儿，五花八门的网络直播平台除了在悄无声息中，让你们这些"小粉丝"心甘情愿掏钱打赏，花费父母的血汗钱之外，其中充斥的各种"负能量"更是将整个网络环境搅得乌烟瘴气，直接影响你们的身心健康。

比如，有的直播内容是吃喝炫富的，有的是搔首弄姿、东拉西扯的，还有的为了最大限度地吸引观众的眼球，大打色情擦边球，有的主播在直播中穿着暴露，甚至有越界行为。比如，某平台女主播未经允许，擅自闯入重庆大学女生宿舍拍摄并在线直播，言语非常低俗，甚至打算把"拍女生澡堂"作为直播活动。有些直播平台除了充斥低俗的色情内容，还有教唆犯罪的内容，这很容易让青春期的少男少女产生模仿念头，铸成大错。

还有一些中学生抱着"出名""赚钱"的目的做直播，直播内容也是花样百出，有直播跳舞、玩自拍的，也有直播打架斗殴、校园霸凌的。直播地点也是五花八门，除了人们通常认为的在家里做直播，有些青少年还攀登高楼大厦，或跑上高速公路，在高速公路的防护栏上做直播，这些行为十分危险。

2017年6月11日下午，四川某中学三名女生相约来到高速公路附近，并穿过防护网缝隙跑上高速公路，坐在高速公路防护栏上玩耍，随后在应急车道上跳舞、玩直播，浑然不知高速公路上的危险。

第二天，该直播视频流传到某社交平台上，四川高速交警成都某大队通过视频里的路面标志信息，判断直播地点属于辖区高速公路某路段，然后立即组织交警核实相关情况。经过对该路段周边地区的摸排走访，得知这三名女生为当地某中学的学生。

后来，交警找到这三名女生，并对其违法行为进行了批评教育，告诉她们攀爬高速公路护栏，在高速公路上玩耍是违法行为，不仅严重威胁自己的人身安

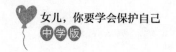
全，更会影响高速公路的正常交通秩序。在交警的耐心教育下，这三名女生认识到了自己的错误。

女儿，一个人想出名、想发财的心理可以理解，但处于中学时期的你，还不是追求名利的时候。爸爸想说的是，玩直播不是不可以，但要有一颗平常心，更要追求健康的直播内容。爸爸想在这里给你几点建议：

1.远离充满负能量的直播平台

女儿，网络本身是一把双刃剑，它既有好的一面也有不好的一面，网络直播同样也有优缺点。如果你善于利用网络直播的优点，多关注内容健康、积极向上的直播平台，那么你就可以从中学到很多知识、技能。

比如，爱下象棋的人可以关注象棋直播平台，从而提升自己的棋艺；爱画画的人可以关注画画直播平台，提高自己的绘画水平；爱跳舞的人可以关注舞蹈直播平台，提高自己的舞蹈水平等。也就是说，你有什么兴趣爱好，有什么艺术追求，都可以寻找相关的直播平台去关注。而对那些内容低俗，充斥着暴力、色情、教唆犯罪等内容的直播平台，你应该自觉地远离。因为这些内容对你没有任何帮助，反而会污染你纯洁的思想，毒害你美好的心灵。

2.尽量别拿爸妈的辛苦钱打赏

女儿，当你观看某个网络直播时，如果你觉得主播讲得确实很棒，你可以适当进行打赏。但作为学生，你的经济能力有限。你能打赏给主播的，只有你为数不多的零花钱，况且这些零花钱还需要用在其他更有意义的地方。所以，真正可用于打赏主播的钱很少。在这种情况下，你就尽量别打赏主播了，更不能偷偷地用爸爸妈妈银行卡里的钱去打赏主播，要知道这些都是爸爸妈妈辛苦工作赚来的钱，你没有权利挥霍！

3观看直播、玩直播要有节制

女儿，你现阶段的主要任务是学习。观看网络直播、玩直播可以作为忙碌学习生活之余的一种放松和调剂，但不能沉迷于此，更不能幻想因此出名、赚大钱。因此，每天花在直播上的时间不能太多，以免耽误你的学业。另外，每次观看直播、玩直播的时间不宜太长，因为长时间盯着电脑、手机容易伤害视力，爸爸可不希望你变成一个"小眼镜"。

慎用社交软件上的定位功能

　　当今社会，成年人几乎人手一部智能手机，青少年中有智能手机的也占了很大的比例。使用过智能手机的人，对"定位功能"应该不陌生吧？查询天气、点外卖、发朋友圈、使用导航等，都需要借助定位功能。可是女儿，你知道吗？定位功能虽然大大方便了我们的日常生活，但也会给我们的生命财产安全带来一些隐患。

　　特别是你们这些青春期的孩子，走到哪里都喜欢拍照留念，大事小事都喜欢发朋友圈、发微博。你们单纯地认为，这是在记录自己的生活，也是在表达自己的心情，还可以和朋友分享自己的喜怒哀乐和所见所闻。本来这种行为无可厚非，但是出于对你人身安全的考虑，爸爸还是建议你少用社交软件上的定位功能。我们先来看一个案例：

　　小洁是个性格开朗的高中女孩，平时喜欢在朋友圈晒自己的照片。比如，记录自己吃过的美食、新买的漂亮衣服，还有去哪里玩了、玩了什么等，都不忘拍照留念并及时发到朋友圈，好像生怕朋友们不知道自己的最新动态一样。

　　暑假的一天，小洁想去科技馆转转，下公交车后，她习惯性地拿出手机自拍了一张照片，并配上文字说明："今天要去科技馆，有没有同行的？"发完朋友圈后，小洁又拿出手机导航慢慢地找寻目的地。

走着走着，小洁感觉身后有名男子跟着自己。她回头一看，发现是一名背着单肩包的中年男子，对方见小洁看过来，有些不好意思地笑了。小洁心想："可能是同路吧。"然后继续往前走。

当小洁连续拐了两个弯后，发现那名男子还在身后跟着自己，她顿时感觉不对劲儿，强迫自己镇定下来，开始向前一路小跑。说来也巧，跑了没多远就看见一位执勤民警。小洁马上跑到了民警身后，指着后面的那名男子说："叔叔，他一直在跟踪我！快救救我！"那名男子见势不妙，马上扭头逃跑，但被眼疾手快的民警逮住了。

经审讯得知，男子当时在公交车站闲逛，当他用手机查找"附近的人"时，发现了小洁的微信，再看一下她的朋友圈，里面的照片清纯可人，而且照片中的定位信息恰恰是在他所在的公交站，顿时便起了歹念。

女儿，看完这个案例，你是否有些害怕呢？你肯定没想到发一条朋友圈，开启微信"附近的人"功能，就会被别有用心的人盯上吧？这个案例提醒我们，在使用社交软件时一定要提高警惕，小心防范不法分子。那么，具体应该怎么做呢？爸爸给你几条建议：

1.将暂时不用的软件中的定位功能关闭

女儿，定位功能确实能大大方便我们的日常生活，但有些软件如果我们暂时不用，里面的定位功能最好及时关闭。比如，天气预报、导航等软件只在需要的时候才启用，平时可以将其中的定位功能关闭。还有微信"附近的人"，也应该将其关闭，以免别人通过这个功能点击你的朋友圈，从你的朋友圈中发现你的住址、学校和行踪等。讲到这里，你是否应该马上拿起手机，检查一下有哪些软件中的定位功能没有关闭呢？

2.发布朋友圈消息时最好关闭定位功能

女儿，当你发朋友圈时，你是否注意到了"所在位置"这个按钮呢？其实

这个就是定位功能，它能显示你在什么位置发布的朋友圈。因此，爸爸建议你点击这个按钮，设置成"不显示位置"。这样你以后再发朋友圈的话，相对而言就安全多了。

3.发朋友圈的内容尽量不要透露所在位置

女儿，在发朋友圈的时候，有些人喜欢把人物、时间、地点等具体要素写得清清楚楚。比如，什么时间和谁在什么地方玩，这对普通人而言貌似没什么问题，但对于不法分子来说，他们可以从这些信息中推测出你的行踪，从而有针对性地设计出各种陷阱。比如，编造一个事故消息来诈骗钱财。

4.不要发含有定位信息的照片和信息

女儿，你希望与朋友分享快乐、分享心情，这一点爸爸非常理解。但是，当你准备将自己的照片以及所去的地方的照片发在社交软件上时，最好先检查一下照片中是否包含具体的地理位置，以防泄露个人隐私，被别有用心的人利用。

相见不如不见，最好不与陌生网友见面

女儿，处于青春期的你们成人意识逐渐明朗，独立意识日趋增强，交友愿望也很强烈。与现实中结交的朋友相比，在网络上结交的朋友，由于隔着千山万水，彼此更容易做到无话不谈。如果遇上善解人意的网友，时不时给你发来温暖的文字，让你感受到了关心和认同，你是否会忍不住想象对方的样子？是否会期盼和对方相见呢？

2018年3月9日，浙江兰溪某高中女生得知网友卢某某在湖南益阳，于是想与其见面，父母不允，她便离家出走，前往益阳与之见面，然后两人一起乘坐大巴前往深圳。幸亏父母及时发现并报警，警方在湘粤某高速公路收费站将女孩接回。

虚拟的网络就像一层纱，让好奇心强烈的青春期少男少女很想掀开看一看对方的真容。女儿，爸爸不否认网络上也有真朋友、好朋友，但是也有假朋友、坏朋友，他们和你聊天时充满温情，给你无限感动，可见面之后马上暴露本性，后果真的不敢想象。

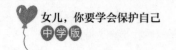

2014年春节前，15岁的小娜和16岁的小霍一起到另一个小镇会见男网友。见面后，她们被男网友及其朋友带至家中二楼，大家一起吃零食、喝啤酒，好不开心。可酒后，小娜被男网友带到房间强奸，小霍被其他五名男子轮奸。

女儿，当你看到这个案例时，是否感到不寒而栗呢？网络给我们的生活带来了极大的便利，大大拓展了人与人之间的交往空间。也许你真的可以结交不错的网友，彼此聊得很投机，让你觉得很靠谱。但是出于对你人身安全的考虑，爸爸还是希望你和网友"相见不如思念"，尽量不要与之见面。具体来说，爸爸希望你做到以下几点：

1.不要轻易答应网友见面的邀请

女儿，你是否遇见过这样的网友：他和你没聊几句，便问你年龄、身高、体重，还让你发个人照片给他看。没过几天，他就提出想和你见面。对于这类网友，爸爸提醒你千万不要与之见面，而应该将其直接拉黑、删除，因为他从一开始就动机不纯，并不是真心和你交友。这一点从他问你个人信息、看你个人照片上就可以断定。

那么，什么样的网友才是真心想和你交友呢？爸爸认为，真心交友的网友至少有这样几种表现：

（1）你们有共同话题，你说什么，他能理解你；

（2）你遇到了困惑，他会给你好的建议；

（3）你聊东南西北，他乐意倾听；

（4）他还会分享自己的经历给你，帮你增长见闻；

（5）他与你的聊天内容不带侵犯性的语言；

（5）他没有急着提出和你见面；

（6）你们聊了很久，至少三个月以上，彼此有了一定的了解，他才提出和你见面。

女儿，对于这样的网友，如果对方提出和你见面的话，你才可以考虑。

2.见面的地点要慎重选择

女儿，如果你想和感觉不错的网友见面，一定要慎重选择见面的地点。为了避免发生意外，爸爸建议你选择人多的地点见面，比如，商场里的休息区、连锁性质的品牌快餐店、大型广场等。这些地方人流较多，一旦发生意外，比如对方对你动手动脚，或强行带你离开等，你可以向众人呼救。

其次，见面的地点最好是你熟悉的，比如，让网友来你所在的城市见面。如果见面后对方对你有身体上的触碰，让你感到不舒服，在熟悉的环境下便于你快速离开。

3.尽量带上一两个朋友同去

女儿，如果网友约你见面，你不妨提出："我可以带几个朋友一起去吗？"然后看对方的反应，如果对方说"不行，我只想和你见面"，那你就要小心了，对方很可能对你怀有不良动机。如果对方说："没问题啊，人多好玩，还可以认识更多的朋友。"这至少说明对方在乎你的感受。有朋友陪同见网友，不仅可以更好地保护自己，还能在彼此不知道说什么时，缓解一下尴尬的气氛。

4.做好与网友见面前的准备

女儿，见网友之前做些准备工作是有必要的。首先，最好先和对方视频，明确对方的长相，而不能单靠对方的照片就和他见面，以免见面后发现对方和照片上差距太大，感到尴尬。其次，带上必要的自我防卫工具。比如，防狼喷雾剂、胡椒粉等，在发生意外时可以奋起反击，给自己制造逃脱机会。

5.务必把见网友的事情告诉父母

女儿，当你决定见网友时，请一定要提前告知爸爸妈妈，让爸爸妈妈有些心理准备。有些女孩害怕父母阻止自己去见网友，于是偷偷离家出走，这样很容易引起父母的恐慌，而且发生意外时，也很难及时得到父母的救援。所以，女儿，爸爸妈妈希望你见网友之前跟我们打声招呼，说明情况。必要的话，爸爸妈妈可以陪你去，在暗中保护你。

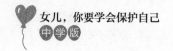

6.见网友的过程中要保持警惕

女儿，当你与网友见面后，在整个相处过程中，务必保持警惕，不要随便吃、喝网友给你买的食物、饮料等。也不要跟随网友去封闭、狭小的空间，比如，混乱的网吧、昏暗的茶吧，更不能随网友去其家中、宾馆。见面过程中，如果对方对你有失礼的举动，或对你纠缠不休，你要想办法及时离开，必要时可以向周围人求助或报警。

接到"熟人"借钱、邀约等信息，一定要核实

　　女儿，虽说谈钱伤感情，但如果是关系较好的"熟人"向你借点小钱救个急，相信你还是会慷慨解囊的，对吗？不过，借钱也要看是以什么方式来借，如果"熟人"在微信、QQ等网络社交工具上向你借钱，即使微信、QQ的头像、昵称和你那位熟人一模一样，这钱还是不借为妙。

　　2019年10月的一天，苏州工业园区湖西某中学女生小高收到了同学的一条微信，微信里说"出门遇到了急事，但身上没有带钱，你能借我700元钱吗？等我回去还给你！"小高心想：谁还没有个急事？再说是同学借钱，就爽快地给对方转去了700元钱。

　　对方收钱后，小高关切地询问对方遇到了什么急事，但对方迟迟没有回复。小高以为对方忙于办事，就没有在意。可是到了晚上，对方还是没有回信息，小高再次发信息去询问情况，但对方依然没有回答。小高感到不太对劲儿，就拨通了同学的电话询问此事。

　　结果，电话那头的同学非常吃惊地说："不会吧？我根本没有向你借过钱啊！"小高说："可我明明收到你在微信里发来的借钱信息啊！"这时同学拿出手机，才发现自己的微信被盗号了。

小高意识到自己被骗了，马上拨打报警电话，当地警方立即介入调查。

女儿，网络社交软件给我们的生活带来了方便，但也暗藏着各种各样的风险。因此，当QQ、微信等社交软件上有人找你借钱时，一定要保持高度警惕。千万别以为对方的头像、昵称和自己朋友、同学的一样，就不加核实地借钱给对方。

女儿，也许你会问："怎么核实呢？发语音消息给对方，听一听对方的声音，总可以判断对方是不是我的朋友、同学了吧？"这种核实方法听起来不错，可实际上并没有那么靠谱，因为如今的不法分子连声音都可以伪造。我们不妨来看个案例：

2019年5月，广州某高中生孙某收到一条借钱信息，她很警惕地发出信息要求语音以核实对方的身份，对方很快就用语音回复她的信息，内容就四个字"是我，是我"。

朋友：借500元钱给我应个急。

孙某：是你吗？语音一下。

朋友：是我，是我。（语音）

由于该条语音消息确实是朋友的声音，所以孙某便通过微信给对方转了500元钱。

事后不久，那位"借钱"的朋友在微信朋友圈发了一条消息，内容是"刚才微信被盗，请大家不要相信本人的任何借钱信息"，孙某这才知道自己被骗了。

女儿，看完这个案例，你是不是感到难以置信呢？微信头像、昵称可以假冒，文字信息也可以假冒，怎么声音也能假冒呢？事实上，用假冒的语音信息借钱的事情已经不是第一次发生了。这些和熟人本人声音相似度极高的声音据说是通过"私人订制"合成的。具体是怎么合成的，爸爸也不是很清楚，你也不用追根问底，你只要记住一点：社交软件上的语音借钱信息也不可以轻信。

那么，社交软件上收到熟人借钱、邀约信息后该怎么应对呢？爸爸建议你这样做：

1.理智分析

女儿，骗子冒充"熟人"借钱的招法并不高明，不外乎冒充朋友、同学、亲戚等向你借钱。理由也很正常，不外乎外出有急事，身上没带钱，或遇到了麻烦事，身上的钱不够等。对于这样的借钱理由，哪怕故事情节再让人同情，你都不能感情用事。其实，只要你稍微动动脑子想一想，就会发现漏洞百出。

女儿，你不妨想一想：对方如果真遇到急事、麻烦事，不可以向他们的家人借钱吗？干吗找你借钱呢？换位思考一下，假如你在外面遇到了急事，是不是首先会向爸爸妈妈求助呢？所以，经此一推敲，就能发现其中的猫腻。一旦发现有猫腻，你借钱给对方的念头自然就打消了。

2.认真核实

女儿，如果通过理智分析，你依然无法判断对方借钱的信息是真是假，那么你不妨再去认真核实。核实最有效的办法是打电话，因为即使对方的语音信息是伪造的，电话号码总不能伪造吧？因此，直接拨通那个向你借钱的"熟人"的电话，相信不法分子的诈骗圈套就会不攻自破。

如果你没有那位"熟人"的电话，怎么办呢？很简单，你只需向对方发起视频通话，看对方接不接视频。如果对方接了视频，你不仅可以听见他的声音，还能看见他的长相，更能观察他说话的神情姿态，这比打电话核实更有效。如果对方不接受你的视频请求，那对方非常有可能是骗子。

3.虚实打探

女儿，如果你收到的是一个许久未联系的"熟人"借钱或邀约的信息，或接到许久未联系的"熟人"借钱或邀约的电话，切不可下意识地将其默认为"熟人"，而要想办法探查虚实。比如，编造一个名字，看对方的反应。"你是二狗（编造的对方的小名）吗？"对方可能会说："是啊，我就是二狗。"

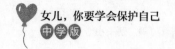
但事实上，你根本没有小名叫"二狗"的朋友，因此这就说明对方是骗子。

4.及时报警

女儿，万一你被不法分子的假冒借钱信息蒙骗了，一定要及时报警，同时赶紧在QQ、微信上将你们的聊天信息截图保存下来，以便给警方提供破案线索，同时作为证据。另外，如果你的QQ、微信被盗号，一定要及时在朋友圈发布消息通知大家预防诈骗。如果你手机丢失，也要想办法通知亲朋好友，以防骗子用你的手机、你的人际关系网进行诈骗。

天上不会掉馅饼，当心各类"大奖"砸中你

女儿，如果有一天你收到一条来自某知名电视台的中奖短信，称需要尽快联系短信中的号码以进行兑奖，你的第一反应是什么？会不会非常开心、激动？然后迫不及待地按照短信的提示去操作？小吴就是这么做的，可结果呢？让我们来看看她受骗的经历吧！

2016年7月22日早上7点多，刚起床的小吴收到了一条短信："恭喜您在《奔跑吧，兄弟》节目中，中了18万元大奖和一台电脑。"短信还提示去网站上查询中奖情况。

小吴记得自己并没有参加过《奔跑吧，兄弟》这个节目的互动，但见到这么多奖金还是激动不已。她怀着激动而忐忑的心情登录网站，并按照提示输入了个人身份信息。当她看到兑换奖品需先缴纳6000元抵押金时，她犹豫了。于是，她拨打网站上的电话，提出放弃兑奖的想法。

可是让她始料不及的是，对方居然拒绝了她的要求，并说如果不交抵押金，就得赔偿20万元，再抓她去坐牢。单纯的小吴听到"坐牢"二字，顿时吓得不知所措，只得去银行汇款6000元。

然而，这只是她受骗的第一步，接着，对方要求小吴再汇款18000元个人所

得税，声称不缴纳个人所得税，就会按照偷税漏税的法律条款来处罚她。小吴哪经得起这般吓唬，随即又往对方账号上汇款18000元。

本以为汇款后可以领到18万元奖金，可对方竟然再次以其他理由让她汇款。这时她才意识到自己被骗了。于是，赶紧拨打了报警电话。

女儿，看到这个案例后，你是否感觉简直无法相信？胆小怕事的小吴轻易就被电话那头的骗子用"坐牢""偷税漏税"等字眼唬住了，然后按照骗子的要求把钱汇过去。但只是因为害怕吗？或许还有她心中的贪念在作怪，侥幸认为把钱汇过去，就可以领到18万元的奖金。否则，她为什么怕坐牢、怕被处罚呢？

如果说钱被骗了还可以赚回来，可如果因为被骗而想不开自杀，那就永远无法挽回了。广东省某县刚参加完高考的女生小蔡就干了这样的傻事，给父母和家人留下了挥之不去的伤痛。

2016年8月30日，多日联系不到女儿的张女士刚从外地赶回家，就在女儿小蔡的衣柜里找到了一封手写的遗书，上面写道："有骗子发来'电视台节目中奖'的诈骗信息，我轻信了，分三次给对方汇去9800元学费和生活费。"遗书中她还自责道："错误已经造成，无法解决，我害怕被骂，害怕因为这样造成我不能去读大学。"第二天，张女士闻讯赶到殡仪馆，只看到了女儿冰冷的尸体，顿时泣不成声。

女儿，面对如此悲剧，我们不仅要声讨可恶的骗子，更要从中吸取教训，积极预防上当受骗。网络时代，各类中奖信息如同天上掉下的馅饼，看起来是那么有诱惑力，是那么令人心动，但是只要冷静想一想，你就能够判断出这并不是什么馅饼，而是骗子精心设计的陷阱。

接下来，爸爸就教你如何应对此类中奖信息：

1.你没参加过的节目发来中奖信息，一定是假的

女儿，如果你哪天收到某个节目发来的中奖短信，而你想了想，自己并未参加过这个节目的任何活动。那么，据此可以断定，这个中奖信息肯定是假的。上文案例中的小吴，就是被这类中奖信息骗了。

女儿，你要记住一句话：天上从来都不会掉馅饼。你从来没有购买过彩票，有人却告诉你中了500万大奖，这可能吗？所以，这类中奖信息千万别相信。

2.让你先交钱的中奖信息都是假的

女儿，任何中奖信息，只要让你先交钱的，无论交钱的理由是什么，比如交押金、交税、交报名费、交资料费、交手续费等等，都是骗人的，千万不要相信。上面案例中的小蔡，就是被这类中奖信息骗了。一般情况下，骗子正是利用人们想得"大奖"的贪念，引诱你先交"小钱"，一旦你给对方转钱后，就会"肉包子打狗，有去无回"。

3.中奖弹窗中的网址最好不要点击

女儿，有时候你上网的时候，可能会弹出一个小窗口，显示你中奖了，而青春期的你好奇心强烈，面对中奖信息中的兑奖网址，肯定按捺不住激动的心情，想都不想马上点击进去吧。爸爸建议你不要点击这类网址，首先是为了避免上当受骗，其次是这类信息往往含有木马病毒，如果你点开了，可能会给电脑或手机带来安全风险。所以，遇到这类中奖弹窗，最好的办法就是无视。

4.一旦被骗或受到威胁，立即报警

女儿，骗子的诈骗手段层出不穷，或利用高额的奖金诱惑你，或利用可怕的言语吓唬你。当你遇到这样的情况时，一定要告诉爸爸妈妈，让爸爸妈妈来帮你分析问题，分辨是非。当然，就算被骗了钱财，也不是世界末日，千万别

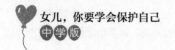

伤心欲绝，走上绝路。要知道，正义从来不会缺席，要相信法制的力量。

女儿，爸爸在这里最想对你说的一句话是：想要防止上当被骗，最关键的是控制好自己的贪念。只要你不做"天上掉馅饼"的美梦，那么，收到诱惑力巨大的中奖信息时，也就不会那么心动了。

网络购物要当心

互联网的崛起催生了各种网购平台，极大地方便了人们的生活。人们足不出户，就可以购物、订餐、寄快递。但互联网毕竟是虚拟的世界，一些不法分子利用它的这一特点制造陷阱，实施诈骗。

2019年3月15日，马女士来到内蒙古自治区巴林左旗公安局报案，称自己的银行卡莫名其妙地少了4600元钱，但自己并没有消费。警方接警后，立即展开侦查，发现她的手机并未中木马病毒，也没有出现信用卡被盗刷的现象。但银行流水账单上清楚地显示，银行卡确实是在正常交易的情况下被转走了4600元。警方断定，这笔钱可能是家里其他人转走的。果然，经过一番询问，马女士正在上初中的女儿承认这笔钱是她转走的。

原来，马女士的女儿上网的时候，从某聊天软件上看到了一则卖鞋的广告，广告显示99元可以买两双鞋，于是她就付了款。在等待收货的过程中，她接到卖家发来的消息，称充值200元返还400元，充值1000元返现2000元。女孩说她不想参加这个活动，只想单纯购物。但卖家却说，如果她不参加这个活动，她就无法享受"99元买两双鞋"这样的优惠价格。

在对方的套路下，女孩给对方转了2000元。可钱转过去之后，她收到"账户

被冻结"的信息，卖家称只有缴纳保证金，才能解冻账户，然后享受优惠价格。就这样，女孩最终转给对方4600元。这时女孩才知道自己上当受骗了，但害怕父母知道了会骂她，所以隐瞒了这件事。

女儿，网络购物已经成为你们年轻人最常见的购物方式，因为网络购物不仅价格较低，而且产品样式繁多，可以任由你们选择。特别是朋友圈购物，由于是朋友经营的，所以多了一份信任。然而，网络购物陷阱也很多，有的买了名不副实的劣质产品，有的付钱后卖家不发货，或直接玩消失，直接造成购物者经济受损。

那么，我们如何才能在享受网络购物便捷性的同时，成功避开网络购物的陷阱呢？下面爸爸给你介绍几种常见的网购陷阱：

陷阱一：低价陷阱

近年来，经常有人自称是批发商、代理商，在朋友圈发布低价销售苹果手机的信息，以大幅低于市场价的噱头吸引人主动联系购买。面对询问，他们给出的解释往往是"直销价""走私货"，证明产品价格低是有道理的，以骗取网友的信任。

女儿，如果你相信了，并给对方转钱过去，很可能出现两种结局：第一种结局是，对方发来一个山寨版的苹果手机，即仿货，也称假货，根本无法正常使用。第二种结局即卖家失联，这是爸爸接下来要讲的第二个网购陷阱。

提醒：

女儿，网购的时候，千万不要过度贪便宜，对于价格过分低廉的产品要提高警惕。要记住两句俗话："一分钱一分货。""便宜没好货，好货不便宜。"虽然这些俗话不一定任何时候都对，但大多数时候还是有道理的。

陷阱二：卖家失联

女儿，当你把钱转给对方后，对方可能不给你发货，如果你发信息追问原因，对方可能找各种理由推诿。到最后，还会直接将你拉黑。最终，你的卖家失联了，你的钱基本上也打水漂了。比如，广东一名中学生在某二手商品网购平台上下单购买了一款商品，支付了1900元后，卖家就是不发货。该学生软磨硬泡要求退款，对方只字不回，最后还把他拉黑了。

提醒：

女儿，网络购物一定要选择正规官方网站，信不过的网站最好别去。

陷阱三：宣传陷阱

商家为了推广自己的产品，在做产品宣传时往往不择手段，甚至虚假宣传。这是十分常见的现象。

提醒：

女儿，当你网购的时候，对于一些被宣传得天花乱坠的产品，一定要保持警惕。同时，尽量货比三家，仔细甄别，然后再做出正确的选择。

陷阱四：钓鱼陷阱

有些人在网购的时候，会收到商家发来的退款、促销、物流、支付、红包等信息，如果按照信息提示去操作，很可能"被钓鱼"，即卡里的钱被盗刷。

提醒：

女儿，网络购物时不要相信任何"退款"信息，如果有疑问，可以直接跟卖家本人联系，询问具体情况。

陷阱五：定金陷阱

女儿，你有没有发现？每年"双十一""双十二"的时候，商家都会推出"定金"活动，比如，预交10元定金，可抵扣20元货款。这看似优惠不少，可是如果你后来不想买那件商品时，你所交的定金是退不回来的。

提醒：

女儿，预交定金之前，一定要和商家沟通，确认定金是否可以退回，并截图为证。否则，不要轻易预交定金。

陷阱六：承诺陷阱

有些网购商品没有质量保证书，没有发票或收据，店家宣扬的"不喜欢包

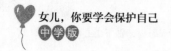

退"的承诺也不会兑现。

提醒：

女儿，为了避免上了店家虚假宣传的当，你在购物之前应认真查看产品评价，以判断店家的信誉。

陷阱七：赠品陷阱

网购的时候，有些商家会承诺赠送赠品，以吸引顾客购买，但结果却不兑现赠品，或者发来的赠品质量很差，根本不具有实际使用价值。

提醒：

女儿，你在网络平台下单购物前，如有附送的赠品，不妨把截图保留下来，万一商家不按承诺发送赠品，事后你可以据理力争，还可以在评论中曝光商家的无良行为，防止其他网友上当。

第八章

女孩最好的防卫武器是自己

　　女儿，人生充满了意外，有意外的惊喜，也有意外的伤害。针对意外伤害的防范措施，爸爸在前面已经给你讲了很多。但你知道吗？自我保护最好的武器并不是父母和警察叔叔，而是你自己——有了理智的头脑、强大的内心和敏锐的自我保护意识，再加上娴熟的自我保护技巧，相信你就能安全地行走于人生道路上。

自尊自爱是保护自己最有效的前提

　　女儿，青春期的女孩就像一朵含苞待放的花朵，需要精心呵护才能绽放美丽。但这种呵护主要不是来自于他人，而是来自于自己，只有懂得自尊自爱、洁身自好，你才能最有效地保护自己。

　　所谓自尊，就是尊重自己，维护自己的尊严，既不妄自菲薄，卑躬屈膝，献媚讨好别人，也不允许别人欺辱、歧视自己。所谓自爱，就是爱护自己的名誉和身体，坚持自己的道德底线和价值观，不把自己置于危险境地，不让自己受到伤害。女儿，如果你能做到这些，那么你在人际交往中就很容易赢得他人的尊重，掌握交际的主动权。

　　初中女孩晴晴生日那天，像往常一样早早地来到教室。当她打开书桌的抽屉时，发现一盒心形盒子包装的巧克力，还有一张写着简短祝福的精美信笺，这是谁送的呢？

　　晴晴思来想去，觉得肯定是同年级的那个男生送的。因为这些天她经常去看学校举办的篮球赛，还给场上队员加油助威，她对那个穿23号球衣、篮球打得好的男生有点崇拜，可能是自己太热情了，加油的时候太疯狂了，让他产生了误解。

　　想到这里，晴晴感到有些害羞，脸不知不觉红了起来，怎么办呢？怎样才能不伤害他的感情，不伤害同学友谊，又能表达自己的态度呢？后来，同桌帮忙打听了一下，果真是那个男生送的。晴晴礼貌地将那盒巧克力退了回去，消除了那个男生对她的误解。

女儿，青春期女孩心思敏感，青春期男孩容易想入非非。因此，在与男生交往时，要互尊互敬，既不过度热情，也别过于冷漠。平时与男生相处时，要注意保持距离，不要拉拉扯扯、打打闹闹、卿卿我我。就算你对某个男生心存好感，也不应该对他表现出过分的迷恋，更不能陷入早恋的旋涡。否则，最后受伤的往往是自己。

一位初三女生和同校一名男生谈恋爱并有了性行为，由于不懂避孕措施而怀孕。在瞒着父母和老师做完人工流产的第二天，女孩强忍着疼痛去上课。学校组织体育考试，测试1000米长跑，结果女孩没跑完就晕倒在操场上。为此，她还落下了严重的妇科病，这成为她一辈子挥之不去的痛。

女儿，人们常说距离产生美，这句话对于青春期男女交往来说是非常有道理的。爸爸希望你与男生交往时把握好分寸，不要过分亲密。这是对自己的尊重，也是对男生的尊重。在这个案例中，如果那个女孩懂得自尊自爱，就不会轻易早恋，更不会和男生发生性关系。退一步讲，即使怀孕做人工流产后，也应该在家里好好休息，先保护好自己的身体。

女儿，身体是父母赐予的最宝贵的东西，是神圣不可侵犯的。自尊自爱首先应该表现为尊重自己的身体、爱护自己的身体，平时要严于律己，坚持自己的原则，不随波逐流。一个女孩子，只有做到了自尊自爱，才不会因外界诱惑而偏离正常的轨道。

女儿，你要记住：你的人生道路上会有许多美丽的鲜花，不要因为见到一朵鲜花而停下前进的脚步。第一朵鲜花也许特别令你心动，但它往往不是最好

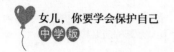
的，希望你放开眼界，先去学习更多的知识，以后才能获得更大的收获。

女儿，自尊自爱是保护自己最有效的前提，爸爸希望你做到以下几点：

1.言行举止有分寸

女儿，在与男生交往的过程中，要时刻注意自己的言行，要举止端庄，言谈稳重，切不可和男生或成年男性谈论有关性的话题，更不能互相动手动脚、打打闹闹，甚至有身体上的不正当接触。

女儿，与男老师相处时，要尊重老师，并保持适当距离，不要与老师有过分亲昵的举动和言谈。同时，要警惕个别品行不端的男老师，如果发现男老师有轻浮的言语、举动，一定要想办法离开。

女儿，请你记住，当你自己的言行端正时，自然而然就会形成一种气场，一种威慑力，让对方不能也不敢对你产生非分之想。

2.穿着打扮要得体

女儿，穿衣打扮不只是装饰，更是一种礼仪。在什么场合应该穿什么衣服，这是很有讲究的。你作为青春期的孩子，作为一名学生，就应该着装舒适得体，切勿穿着暴露，这是自重的表现。因此，希望你出门不要穿暴露的上衣或热裤、超短裙等，以免招致坏人的骚扰和侵害。

3.所到之处有讲究

女儿，希望你不要去娱乐场所，比如酒吧、KTV等，因为这些地方人员复杂、环境混乱，很容易遇到不怀好意之徒。女儿，爸爸还希望你不要去没有女性家长在家的男同学家玩，更不要在没有女性家长在家的男同学家过夜。另外，尽可能不要单独与男同学外出，更不要和社会上不务正业的男性来往，也不要随便见网友，以防自己陷入危险境地。

4.贪小便宜吃大亏

女儿，有句俗话说得好："贪小便宜吃大亏。"面对他人的花言巧语和赠送的财物，无论对方是陌生人还是熟悉的人，你都应该有所防范，能不接受最好别接受。因为伤害你的不只是陌生人，也可能是熟人。

5.勇敢地对坏人说"不"

女儿，如果你不幸遭遇性骚扰、性侵害时，一定要勇敢地说"不"，要态度明确、立场坚决，一定不要妥协。因为隐忍和逃避只会助长邪恶之人的胆量，而不能保护自己。万一不幸遭遇性骚扰、性侵害之后，一定不能因"怕丢人"的思想而隐瞒不报，应该及时告诉爸爸妈妈或其他你信赖的人，我们会帮你报警，把坏人绳之以法。

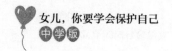

内心强大是保护自己最有力的武器

在面临危险的时候，很多女孩头脑里冒出来的第一个念头就是"这下子完了"，然后整个人被恐惧笼罩，不由自主地失去反抗、主动思考的能力。然而，有些女孩在危急关头拥有强大的内心，能够保持冷静的思考，敢于和不法分子斗智斗勇，最终逃脱了险境。

有个16岁的女孩暑假去亲戚家玩，亲戚外出购物后，她独自在屋内睡午觉。

半梦半醒中，她突然被惊醒，这才发现隔壁的大叔已经脱了上衣，正扑过来压着她，使她不能动弹。

她瞬间就清醒了，意识到自己即将面临什么遭遇。

大叔五三大粗，论体力，她根本不是对手。

大叔说："小姑娘，我看你第一眼就喜欢上了你！"

听到这话，她强装镇定，设法让自己冷静下来，并试图与对方沟通："叔叔，如果你强迫我，就是犯罪，你肯定不想坐牢，对吧？"

"你和我爸爸年纪差不多，其实我对你也有好感，但是我年纪还小，不想怀孕。"

大叔听了这话，有些犹豫了。

186

"要不这样吧，你去买一盒避孕套来，这对我也是一种保护。"

"不行，你跑了怎么办？要去我们一起去，你不准跑，否则我不客气了。"

"我保证不跑，我可以和你一起去买！"

就在大叔蒙头穿上T恤的瞬间，她趁机冲出房间，撒腿就跑，连鞋都没顾上穿，一口气跑到了楼下的马路上。然后冲进一家店铺，借店铺老板的手机报了警。

女儿，你知道吗？保护自己最有力的武器不是犀利的语言，不是强健的身体，也不是巧妙的格斗技术，而是"强大的内心"。如果你拥有一颗强大的内心，那么面对任何危险时，你都能做到临危不惧、沉着冷静，在这种情况下，你才能发挥智慧的大脑去思考逃脱险境的对策。

我的女儿，在上面的案例中，面对突如其来的危险，女孩之所以能够逃脱坏人的魔爪，凭借的就是她那颗强大的内心，她用自己的顺从麻痹了犯罪分子，用自己的智慧迷惑了犯罪分子，使犯罪分子放松了警惕，最终为自己逃跑制造了机会。

曾有一则新闻讲到，一名犯罪分子一连强奸并杀害了多名女性，唯独对一名女性手下留情。就是因为这名女性在被犯罪分子劫持后，用自己的顺从和配合麻痹了他。与此同时，她默默地记住了犯罪分子的体貌特征，并偷偷拍下了犯罪分子的车牌号，为警方提供了破案线索，最终将犯罪分子绳之以法。

女儿，如果一个人没有强大的内心，遇到危险时就容易神色慌张，心惊胆战，整个人呈瘫软状态。心理学研究发现，当一个人陷入极度恐惧和慌张时，由于精神状态高度紧张，往往会变得手脚无力。在这种情况下，就算逃跑的机会摆在你面前，你也不可能身轻如燕地狂奔。

那么我的女儿，怎样才能拥有强大的内心呢？怎样才能在面对险境时保持良好的心理素质呢？爸爸给你提供几条建议：

1.记住，生命比任何东西都重要

女儿，无论你遇到什么样的危险，都要明确一点：生命比任何东西都重

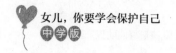
要。有了这个清醒的认识，你就能够很好地放平心态。比如，被人劫持时，你不妨这样想"只要他不伤害我的性命，就没什么大不了的"，有了这种想法，你就很容易冷静下来。当然，为了避免对方伤害你，你要设法配合对方，而不是盲目反抗以激怒对方，这样才能麻痹对方，保护自己的人身安全，在此前提下再想办法逃跑。

2.深呼吸，让自己镇定下来

女儿，任何人面对危险时，想要做到一点都不紧张，那是不可能的，更何况是未见过大风大浪的孩子。爸爸的经验是，通过深呼吸可以缓解内心的紧张，让自己怦怦直跳的心脏快速恢复平静。深呼吸很简单，只需要迫使自己深吸一口气，然后慢慢地呼出体外就可以了，当然可以反复这样做。如果你紧张到无法用鼻子呼吸，那么你不妨张开嘴巴呼吸。

3.顺从对方的同时寻找机会

女儿，面对不法分子的侵害时，如果你发现自己与对方力量悬殊，那么切勿盲目反抗。你要做的就是确保自己内心镇定下来，因为只有镇定下来，才能冷静地思考应对方法。当对方提出非法要求时，你可以跟他"讨价还价"，以拖延对方对你的犯罪行为实施的时间，给自己创造逃跑的机会。这一点上面案例中的女孩做得很好。

与此同时，你还要眼观六路，耳听八方，如观察所在位置的周边情况，寻找最佳逃生路线；观察对方的相貌体态，记住对方的特征，便于报警后指认犯罪嫌疑人；假装不经意间留下相关线索，如在墙壁上刻一道痕迹等。

4.一旦脱离险境，立即报警

女儿，如果你顺利逃离了犯罪分子的控制，一定要迅速找到电话报警或告诉家人，由家人来报警。报警后，要找一个安全可靠的地方等待警方到来，以免犯罪分子追过来再次控制你，使你再次落入对方的魔爪。

智慧的大脑是自救的强有力保障

　　女儿，内心强大是保护自己最有力的武器，因为内心强大才能经受住危险的袭击，经受住犯罪分子的恐吓，使自己保持冷静。但是冷静之后，又该怎样自救呢？这就需要依靠自己智慧的大脑了。

　　2016年春节，贵州安顺的六年级女生阿花（化名）无意中听到父亲与爷爷的通话，得知在外打工的父亲患了重病，无法继续打工挣钱。而爸爸打工的收入是家庭唯一的经济来源。在这种情况下，阿花决定去找四岁时就离开她的亲生母亲，一是慰思母之情，二是希望母亲能帮她，让她能继续上学读书。

　　2月20日，阿花给爷爷留下一张字条，背着书包，拿着积攒了很久的几元钱去了火车站。阿花天真地以为，在火车站就能找到母亲，但等了一天也没见到妈妈的影子。当时她又冷又饿，蜷缩在一个角落里。

　　这时一名四十多岁的男子主动走过来询问阿花的遭遇，他还信誓旦旦地承诺可以带阿花找到母亲。阿花轻信了男子，跟着他一起踏上了"武汉寻亲之路"。第二天晚上，到达武汉时已是深夜，男子带着阿花住进火车站附近的一家小旅社，而且只开了一间房。无奈之下，阿花只好半靠在床上，熬过了一夜。

　　可是第二天，当阿花提出找母亲时，男子却找理由百般阻挠，阿花意识到男

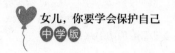
子对她没安好心，于是思考脱身之计。就在这时，旅社老板娘催男子退房，阿花趁机逃离了旅社。她不停地跑，男子在身后猛追，聪明的阿花跑了没多远，就跳到路边的角落躲了起来，这才逃过一劫。

后来，阿花在路人的帮助下报了警，在警方的努力下，那名男子被抓获归案。经询问得知，对方是一名贩卖儿童的惯犯。幸运的是，阿花成功逃脱了。

阿花是天真的，甚至有些愚蠢，她带着几元钱去火车站，以为能找到母亲；阿花也是自尊自爱的，她和陌生人共处一室时，宁愿半靠在床上，也不和对方睡一张床，很好地保护了自己；阿华更是机智的，当她觉察到男子没安好心时，便找准了机会逃跑，而且面对男子追击，能够机灵地躲藏起来，而不是一味地向前跑。由此看来，阿花依靠自己的智慧才得以顺利脱险。

女儿，现实生活中，你也可能会遇到各种各样的危险，针对不同的危险，你应采用不同的自救策略。因为与犯罪分子相比，你实在是太柔弱、太稚嫩了。所以，面对坏人时切不可硬碰硬，也不能生搬硬套地用死办法。正确的做法是运用自己的冷静和智慧来实现自救。下面爸爸给你提供几条自救方法：

1.设法拖延时间

女儿，遇到危险时，设法拖延时间也是自救的一种表现，因为拖延时间意味着延迟犯罪行为的发生，甚至可能在犯罪行为发生前，找到逃跑机会，从而免于受伤害。拖延时间的办法很简单，比如可以尝试和犯罪嫌疑人聊天，毕竟对方也是人，也有基本的人情，你可以和他聊聊家庭，聊聊儿女，聊聊工作等。当然，聊天的时候，注意观察对方的反应，如果对方不喜欢某个话题，你应该及时换一个话题聊。如果找到对方感兴趣的话题，你就成功了一大半。

2.耐心等待机会

女儿，当危险来临时，除了和对方聊天，拖延时间外，你最好尽量配合对方，以最大限度地保护自己的生命安全。在此过程中，你一定要耐心等待自救、求救的时机。机会没有出现之前，不要急于逃跑。

3.主动创造机会

女儿，设法拖延时间的第一个目的是延迟犯罪行为发生的时间，第二个目的是寻找逃跑机会。如果拖延时间的过程中没有等到逃跑机会，那该怎么办呢？爸爸希望你能够有意识地主动创造逃跑机会。比如，你被坏人控制了，你可以借口"口渴了""想上厕所""肚子疼""肚子饿了"等，让犯罪嫌疑人和你分开一小会儿。比如，对方可能去给你买水、买吃的，或让你去上厕所。一旦你们分开了，要马上抓住机会逃跑。

4.务必果断行动

女儿，当你看到逃跑的机会时，不要犹豫，不要害怕，一定要果断行动起来。要利用犯罪分子的措手不及为自己争取逃跑的成功率。如果你犹豫不决，顾虑重重，那么就有可能错失良机，无法自救。

5.不断尝试自救

女儿，如果你的自救策略失败了，不要气馁，不要害怕，不要放弃逃跑，而要继续想办法，不断尝试自救。你要相信自己，一定有办法可以逃脱。

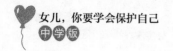

女孩一定要掌握的五大自我保护技巧

2019年2月16日晚上8点40分左右，湖北省黄冈市黄州区某街道上发生一起劫持人质案件。一名三十岁左右的男子突然持刀劫持一名过路的女孩，他用左手勒住女孩的脖子，右手拿着水果刀在女孩脖子边比划。

民警接到报警后立即赶到现场，当时情况十分危急，民警持枪对准男子，让他停止危险行为，但是男子并未收手。在对峙过程中，男子以人质的安全来要挟民警，向民警索要10万元赎金。

民警一边安抚男子，一边以凑钱为由拖延时间。男子见自己被民警包围，也感到很有压力。就在男子带着女孩慢慢往后面的台阶上退的时候，事情突然出现了转机。只见男子一脚踏空，身体差点儿失去平衡，女孩抓住这个机会，用力甩开男子的手，脱离了男子的控制，然后迅速跑向民警。

最终，男子被民警控制，一场危险得以化解。

女儿，那名被劫持的女孩肯定没有想到自己突然会遭此劫难，但意外却不因她没有心理准备而远离她。幸运的是，女孩非常机智勇敢，能够抓住机会顺利脱逃，从而让自己免受伤害。这个案例充分说明掌握自我保护技巧的重要性。

那么，我的女儿，如果有一天你遇到了这样的意外，你该怎样保护自己呢？别着急，爸爸这就给你介绍五大自我保护技巧，助你化险为夷。

自我保护技巧一：永不落单

永不落单指的是永远不要让自己单独行动，这是预防意外伤害最有效的策略之一。特别是晚上11点到次日凌晨3点这个时间段是犯罪的高发期，如果这个时间段出门在外，一定要记得结伴而行。当然，即使不在这个时间段，就是在大白天，也可能出现意想不到的危险。这种情况下如果你是单独一人，也要设法制造一种"我有同伴""父母就在身边"的假象，以给不法分子强有力的威慑。

有个小学六年级女孩在放学回家的路上，被三个陌生叔叔拦住，他们说："小姑娘，我们是你爸爸的朋友，他叫我们来接你去他那儿。"女孩很机灵，问道："我爸爸是在玩牌吗？"他们说"是"。女孩知道，爸爸出差了，要过一周才回来，而且爸爸不会玩牌。明知道三个陌生人不怀好意，可是他们围着她，她根本就走不掉，因此只好跟着他们往前走。

走着走着，看见一对男女迎面走过来，女孩高兴地大叫道："爸爸妈妈，你们怎么才来接我啊！"三个陌生人听到这句话，马上转身就跑了。后来，女孩跟叔叔阿姨解释原因后，他们把女孩安全送回了家。

女儿，案例中的女孩很聪明，她见机行事，制造了一个"父母就在身边"的假象，成功吓跑了不法分子。试问，不法分子敢伤害有父母陪同的孩子吗？几乎不可能。所以，遇到危险时，比如发现有人跟踪自己，不妨学习这位女孩的做法，给自己找一个保护对象。当然，出门最好还是结伴而行，永不落单。

自我保护技巧二：设法躲藏

2012年2月25日傍晚，武汉市武昌区中南路附近发生了一起绑架、抢劫案。中学女生小雨、小燕等四名同学行至天桥上时，遇六名歹徒，被强行带走。其

间，机灵的小雨趁歹徒不注意，躲到一位路人的背后成功逃脱。其余三名女孩被带到一处树林内，身上七百多元钱被洗劫一空。小雨逃脱后，立即拨打电话报警，最终协助警方成功抓获六名歹徒。

女儿，世界上没有绝对安全的保护伞，哪怕四名同学结伴而行，也有可能会遭遇歹徒的抢劫。可如果像小雨那样，能够机灵地躲藏起来，也能顺利地逃离险境。这个案例告诉我们，如果有机会的话，想办法让自己消失在不法分子的视线内，哪怕是短暂的消失，也能为自己赢得逃跑的时间。要知道，不法分子作案的时候也会紧张，他们往往不会花时间去寻找消失的"猎物"，因此，设法躲藏是逃离危险的有效办法。

自我保护技巧三：走为上计

女儿，《孙子兵法》中的最后一计你知道是什么吗？那就是"走为上计"。原意指在战争中当形势对自己极为不利时就逃走，现多用于做事时如果形势不利，没有成功的希望时就选择退却或逃避。很多女孩都知道遭遇危险是要设法逃跑，但至于怎么逃跑却不是很清楚。

那么，具体怎么逃跑呢？很简单，当你意识到危险临近时，要想办法逃离险境。比如，发现有人尾随着你，你应该立即跑向热闹的超市或人群，也可以跑向路边的交警。这样不法分子就无法下手。再比如，聚会时不慎被人下药或喝多了酒，头晕乎乎的，同桌的男子对你动手动脚，这时你意识到危险了，可以借口去洗手间、出去打电话等，快速离开，然后打电话给爸爸妈妈。

自我保护技巧四：学会示弱

2015年6月29日下午6时许，深圳一名五年级女孩被陌生男子绑架，男子想以她为筹码，向她的父母索要钱财。女孩很害怕，但她不敢呼救，而是乖乖地顺从男子。趁着男子离开屋子的几分钟空隙，女孩挣脱了绳索，逃出了屋子。她一边跑一边呼救，随后借了路人的手机打电话报了警。

女儿，你知道这个女孩能够成功逃脱危险的关键是什么吗？爸爸认为有两个关键：关键一在于她懂得示弱，示弱可以理解为顺从、听话、不反抗，使犯罪分子放松警惕；关键二在于她把握住了犯罪分子离开屋子的几分钟时间，并及时报了警。

女儿，当你遇到危险时，学会示弱往往比一味反抗更重要。因为女孩的力量有限，盲目反抗往往徒劳无益，反而容易激怒犯罪分子，给自己带来不必要的伤害。而示弱则能迷惑犯罪分子，不仅能保护自己，还能给自己逃跑创造机会。

自我保护技巧五：大声呼救

女儿，当你们遇到危险时，一定要在确保生命安全、周围有路人的情况下大声呼救。大声呼救时要注意几点：一是要尽量用最简洁的语言来呼救，比如"抢劫了，快报警！"让周围的人第一时间明白发生了什么事情，而不是没重点地叙述事情的经过。因为路人往往没有时间和耐心听你诉说。二是呼救的声音一定要大而清晰，即使在嘈杂的环境中也能冲破喧闹被人们听到，在寂静的黑夜里也能传得足够远，足够惊醒睡梦中的人们。三是呼救要不断重复，足够引起人们的注意。

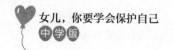

求救信号要记清，危难时刻管大用

女儿，假如有一天，你遇到了意外伤害，或身处灾害险境时，你知道怎么求救吗？你肯定会说："打电话报警呀！"可是如果周围没有电话，或者情况危急到你没有时间报警，或你受人控制没办法报警时，又该怎样发出求救信号呢？我们先来看一个案例：

2014年5月17日晚，宁波市江东区某小区209室突然发生火灾，火势迅速蔓延，浓烟滚滚。

当时17岁的高中女孩小张和妈妈正在看电视，听到楼下很吵，她探头从窗户往外看，发现二楼发生了火灾，赶紧提醒了妈妈。妈妈马上拉着小张往门外跑，可是门一打开，一股浓烟就蹿了进来。此时楼道已经浓烟弥漫，伸手不见五指，逃生几乎没有可能。

小张见状，立即让妈妈把门窗关上，随后打湿毛巾，捂住鼻口。与此同时，她找出家里的手电筒，从窗口往楼下扫射，以发出求救信号。

消防员在组织救援时，发现四楼窗口有灯光来回扫动，很快就确定了小张所在的位置，于是马上展开救援，很快就将位于408室的小张和她的妈妈救出来。随后，消防员又将三楼一名趴在窗户上的居民及其他两位居民救出。

女儿，看完这个案例，你是否对冷静发出求救信号的小张感到敬佩呢？正是由于她准确地发出了求救信号，才能使自己和家人率先获救。这也提醒我们，当遇到危急情况时，要善于利用周围一切可以利用的东西发出求救信号，而不是坐以待毙，或者像无头苍蝇一样乱飞乱撞。

女儿，也许你还不知道吧？各种不同危急情况下的求救信号有很多，下面爸爸就来给你逐一介绍：

1.SOS求救信号

几年前，在一列从昆明开往烟台的火车上，一名外籍女子趁警务员查票时，在警务员手掌上写下"SOS"，警务员顿时就明白了她的意思。马上将其带到警务室，并对她的同行者进行调查，结果发现这是一起拐卖妇女案件。

在这个案例中，女子用到的就是SOS求救信号。SOS是国际莫尔斯电码的求救信号，最初由于海上意外事件频发，很多时候无法及时发出求救信号，导致出现很大的人员伤亡和财产损失，所以国际电报联盟（今国际电信联盟）就在1908年正式把SOS确定为国际通用的求救信号。之所以用这三个字母，是因为它们在电报里面的发送形式非常简单，且接收信号者容易辨识。这是一种国际求救信号，即使语言不通，也能使人达到求救目的。

2.烟火求救信号

女儿，如果在野外遇到危险时，比如迷路了、掉入深坑出不来，可以想办法用烟火发出求救信号。要注意的是，由于白天的火势不那么容易被人注意到，因此白天的点火目的是为了产生浓烟，引起周围人注意、显示你的方位。为此，你可以在火上铺上适量的新鲜树枝、青草来制造浓烟。如果是晚上，则点火的目的就是产生巨大的亮光。这个时候需要用干柴燃起熊熊大火，以便发出显眼的火光，引起别人注意。

当然，为了更直白地发出求救信号，你还可以燃放"三堆火焰"以示求救，这是国际通行的求救信号，即将火堆摆成三角形，每堆之间的间隔相等最

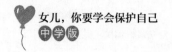

为理想。如果燃料稀缺或因为其他原因没办法点燃三堆柴火，那么点燃一堆火也行。

3.光线求救信号

女儿，光线信号就是利用发光物体发出光亮，引起周围人注意，从而达到求救的目的。前面案例中的小张，使用的手电筒亮光，就是最常见的光线信号。

在遇到危险时，除了利用手电筒发出光线求救信号，我们还可以用镜子、玻璃等反光物体反射阳光的方法求救，每分钟闪照六次，停顿一分钟后，再重复进行，直到有人来救助。

4.声响求救信号

女儿，遇到危险时，如困在电梯里、掉进深坑里、被人控制在密室里、被捆绑在密闭的车厢里时，我们可以制造声响来发出求救信号。最常见的声响信号就是大声呼救，如果无法呼救，那就利用身体部位撞击周围物体，或用物体敲打发出声响，甚至是故意打碎玻璃、瓷器等物品，引起周围人的注意，从而发出求救信号。

5.图形求救信号

女儿，遇到危险时，我们还可以发出图形信号，如在草地、海滩、雪地上可以制作地面标志，或用木棍子摆出"SOS"三个大字母，或在草坪上拔出"SOS"三个大字母，还可以用树枝在地上写出大大的"救我"二字。要注意的是，画出来的图形或写出来的字是为了引人注意的，因此图形、字体能大一点就大一点，便于搜救人员发现。

6.抛物求救信号

女儿，"高空抛物"这几个字你应该不陌生吧，但爸爸这里说的抛物不是玩闹，而是在危险时发出求救信号。比如，从楼上往楼下扔枕头、衣服、空饮料瓶等不易砸伤人的物品，从而引起楼下行人的注意，同时也指明了我们所在的具体方位。

有个女孩在家遭遇了入室抢劫，她就悄悄将衣服从窗户抛到楼下，引起了路人注意，最终成功获救。

7.旗语求救信号

女儿，如果你手上有旗子，可以挥动旗子，做出"8"字形运动，引起周围人注意。没有旗子也不要紧，可以脱下衣服挥动，向周围人发出求救信号，也能起到求救的效果。

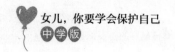

正确使用110、120、119等求救电话

曾看到这样一则新闻：一个六岁小女孩用稚嫩的声音拨打火警电话，并且清楚地说出家庭住址，随后消防员赶到现场，扑灭了大火。事后消防员表示非常佩服小女孩的淡定，虽然她的声音有些颤抖，却没有任何哭闹。更重要的是，面对消防员的询问，她可以对答如流，让消防员觉得太不可思议了。

女儿，也许你觉得，打电话求救有什么难的，不就是拨打110、120、119等求救电话，说明自己遇到的情况，请求救援吗？说起来好像很简单，可实际去做时往往是另外一回事。我们不妨先来看几个案例：

案例一：

有个女孩发现楼下房子着火了，赶紧拨打火警电话："119吗，我家楼下着火了，我要报警！你问我在哪里呀，我看下啊……我在洋鸡山小区，不对，是红旗河路南边的小区，好像也不是，哦哦，这好像是江北机场的马路边……"由于她语无伦次，且说不清着火的房子所在的位置，延误了消防员出警时间。

案例二：

"110吗，我上个星期放学回家的路上被人抢劫了，手机被人抢走了，你能出警抓住劫匪吗？"初中女孩小娟被抢后不是第一时间报警，而是隔了好几天才报警。这将不利于警方调查取证，追回受害者的财物和抓捕犯罪嫌疑人。

案例三：

"喂，120啊，快点过来！""喂，120啊，我是刚才打电话的那个，快点快点！""我打好多次了，我等一分钟了，怎么还不来啊！"……女孩见同学打架斗殴，一人被打得头破血流，频繁拨打120急救电话，催促救护车赶紧到达现场处理。

女儿，看完上面三个案例，你有什么感想呢？是不是觉得拨打求救电话也是个技术活？虽然说到110、120、119等号码，每个人都烂熟于心。但是，究竟该如何拨打这些电话，以及打通电话后需要说明哪些情况，提供哪些必要的信息，也许你并不是那么清楚，那接下来爸爸就和你谈谈如何拨打求救电话吧！

1.正确区分不同求救电话的用途

女儿，常见的求救电话有110、119、120、122，不同求救电话所使用的具体情况是不同的。110报警电话的用途最广，当你发现打架、斗殴、盗窃、抢劫、强奸、杀人等刑事、治安案（事）件时，当你发现有人溺水、坠楼、自杀、人员走失或公共设施出现险情时，均可拨打110报警。

当发现火情时，比如建筑物、路边的汽车、山林等起火，或发生水灾、地震、建筑物倒塌等，应立即拨打119；当需要急救时，比如有人突发重病或出现较为严重的外伤，应立即拨打120；当发生交通事故或交通纠纷时，比如在放学回家的路上发生了交通事故，应立即拨打122。当然，在这三种情况下，你拨打110报警电话也是可以的，110指挥中心的工作人员会为你转接相应的求救电话系统。

2.要第一时间拨打求救电话

女儿，遇到危险或钱财被骗应该第一时间拨打求救电话，以便施救方尽快赶到现场。特别是拨打110、119、120等求救电话时，要有"分秒必争"的时

间观念。因为抢时间就是抢破案线索、抢生命财产。如果情况紧急，你没办法及时报警，可以在脱离险情后迅速报警。

3.务必把事情和所在位置说清楚

女儿，第一时间拨打求救电话，还应该清楚地说明所发生的事情和所在的位置。否则，施救方找不到你，也没办法帮你。首先，要说明发生了什么事，是遭遇劫匪，还是被人绑架，还是东西被偷。虽然不一定要说得很清楚，但至少要让电话那头的工作人员明白是怎么回事。

其次，要说清楚你所在的位置，如果你是旁观者，你也应该说清楚事发地点。这样相应的工作人员才能以最快的速度赶往事发地点。因此，你应该在电话中提供所在位置的标志性建筑等。

想要把所发生的事情和所在位置说清楚，要求你保持冷静的头脑，控制好自己的情绪，以免精神紧张语无伦次、吐字不清。为了便于让施救方快速找到你，你还可以把自己的体貌特征、衣着打扮告诉工作人员。

4.拨打求救电话后最好原地等候

女儿，拨打求救电话后若无特殊情况最好原地等候，不要随意走动。同时保持电话畅通，随时接受施救方的来电询问，千万不要像上述案例中的女孩一样，频繁地拨打求救电话，因为这样容易造成施救方与你联系时，你的电话处于占线状态，不利于施救方快速确定位置、准确找到你。

在等候施救方到达现场之时，要注意保护现场，不要让任何人进入，以便施救方特别是警方到场后提取物证、痕迹，紧急抢救伤员除外。不过，爸爸想提醒你的是，作为非专业人士，就算发现有人受伤，最好也不要轻易移动伤员，因为这样不仅会破坏现场，还很容易造成受伤者二次伤害。当发现前来的施救方时，应主动上前取得联系。

5.若无必要，别随意拨打求救电话

女儿，110、119、122这三个求救电话都是免费的，但120急救电话是收费的。至于怎么收费，各地规定和收费标准不同。但爸爸想说的是，无论收不收

费，在遇到危险时，都要及时拨打相应的求救电话。当然，如果没必要，比如，摔跤了，擦破皮，去校园医疗站或诊所就可以治疗，就不要拨打求救电话，以免占用社会公共资源，导致真正需要急救的人失去及时救助的机会。

不妨和家人或同学进行一场安全演练

2008年5月12日，四川发生了震惊世界的里氏8.0级大地震。在这次地震中，遇难人数达到69227人，受伤人数374643人，失踪人数17923人，伤亡十分惨重。因为地震爆发得太突然，给人们的反应时间十分有限。

然而，安县桑枣中学的两千多名学生和上百名老师仅仅用了1分36秒就从教室成功疏散到操场上，并以班级为单位井然有序地站好，创造了师生无一伤亡的奇迹。该校师生之所以在灾难面前不慌、不乱、逃生效率惊人，很大程度上得益于校长叶志平平时注重引导师生做安全疏导演练。

女儿，爸爸在这本书里给你讲了很多自我保护技巧，让你知道在不同危险下如何保护自己，如何脱离险境。比如，遭遇校园霸凌该怎么应对，坐黑车遇到了坏司机怎么逃脱，遭遇电信诈骗又该怎么处理，还有怎样应对陌生人搭讪，等等。尽管爸爸讲了很多，但心中仍然对你感到担忧，毕竟这些对你来说都是纸上谈兵，想要让你真正具备临危不惧、遇事不慌的强大内心，就不能缺少生活的历练。

也许你会问："怎样才能得到历练？"这就是爸爸想跟你讲的，通过安全演练来提升自我保护能力。相信你在学校里参加过消防演习吧，比如假设发生火灾，应该怎样使用灭火器，怎样快速撤离到室外安全地带。说到这里，爸爸也想和你及你的同学一起进行一场安全演练，帮你尽可能适应更多的危险情景，增强你的安全意识，提升你的自我保护能力。

那么，在进行安全演练时要注意什么才能确保效果呢？

1.设计贴近真实案件的演练场景

就像拍电影一样，演练也是源于生活，贴近生活的。这样才能达到锻炼自我保护能力的目的。因此，爸爸妈妈会设计一些贴近真实案例的演练场景，比如，你独自外出，被人跟踪；你出门打车，不小心遇上了对你图谋不轨的司机；你遇到问路的，对方让你给他带路；有人给你递来饮料，让你喝，等等。女儿，这样的演练场景是否似曾相识呢？这些就是前文真实案例中出现过的情景。爸爸妈妈会扮演陌生人，和你一起模拟演练。

2.演练考验的是你灵活应变的能力

女儿，爸爸妈妈今后会不定期地和你进行安全演练。但爸爸提醒你，每次安全演练前，爸爸不会告诉你"接下来要进行安全演练了"。因为意外往往是不期而遇的，它们不会跟你打招呼。所以，爸爸妈妈为你设计的安全演练也是穿插在日常生活中的。

比如，我们一起出门散步，爸爸会冷不丁地问你："小姑娘，你知道×××怎么走吗？"这就是在扮演陌生人问路，问路的时候，爸爸会"油嘴滑舌"地夸你长得漂亮可爱，还会送你礼物，并让你帮忙带路。

爸爸还可能事先找个你不认识的叔叔、阿姨、大爷、大妈，让他们扮演遇到困难的人，向你求救。比如，找个你不认识的大妈假装腿脚不方便，让你帮她提东西、送她回家，看你怎么应对。

3.端正演练态度，切勿敷衍了事

女儿，安全演练是为了提升你的防范意识和自我保护能力。因此，每次演练时务必端正态度，认真对待，千万不能嘻嘻哈哈、敷衍了事。否则，演练就失去了意义，纯粹是在浪费时间。

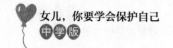

4.演练结束要及时总结经验教训

女儿，安全演练的目的就是训练你的临场发挥能力，锻炼你的灵活应变能力。所以你不要怪爸爸妈妈事先不给你设好剧情，不给你准备好台词。即使你没发挥好，真的"被骗了"也不要紧，爸爸妈妈会指出你做得不足的地方，和你一起总结经验教训，帮你改进应对的方式方法。

5.莫因经常安全演练而疏于防范

女儿，爸爸妈妈经常和你进行安全演练，让你自我保护能力获得提高。但爸爸要提醒你，切不可因为经常参加安全演练，就在今后的生活中掉以轻心、疏于防范。有句话说得好："淹死的往往是会游泳的人！"同理，受骗的往往是自以为聪明的人。因此，爸爸妈妈希望你能通过安全演练不断增强自我保护意识，提高自我防范之心。

有必要了解一下法律意义上的"正当防卫"

女儿，人在遭遇侵害或危险时会本能地奋起反抗、保护自己，这就涉及一个专业的法律概念"正当防卫"。什么是正当防卫呢？我们先来看个案例：

18岁女孩旋小琪（化名）打算乘火车从广州去厦门投奔网友，因没买到当天车票，就在火车站广场上溜达。这时50岁左右的杨某主动搭讪，热心地帮她提行李、买车票。可是当晚的火车票卖光了，旋小琪买了第二天的火车票后，身上只剩下50元钱，没办法住宾馆。这时杨某表示可以带她回家留宿，给不给钱无所谓。旋小琪见对方年纪大，人还挺好的，就跟着杨某回到出租屋。

进屋后，旋小琪发现屋子很小，只有一张床，没办法睡两个人。聊了一会儿后，她提出离开。谁料杨某突然变脸，要求旋小琪与他发生性关系，且上前对她动手动脚。还威胁道："如果你要走，我就杀了你。"吓得旋小琪不敢喊叫。

突然旋小琪看见墙上挂着一把匕首，赶紧取下来握在手里，叫杨某不要靠近，否则就不客气。相互拉扯间，旋小琪失手刺伤了杨某的锁骨。杨某奋力抢刀，争夺间旋小琪的左腿被匕首重重地划伤，鲜血直流。疼痛的旋小琪慌乱地拼命乱捅，导致杨某重伤倒地不起。旋小琪害怕杨某起身报复，再次持匕首对杨某的头、颈部砍击、刺击，直到杨某不再动弹为止。最终，法医鉴定结果显示，杨

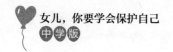
某系重型颅脑损伤死亡。

女儿，在这个案例中，女孩旋小琪面对杨某性侵时持刀反抗，致使杨某死亡，是正当防卫，是防卫过当，还是故意伤人呢？想要回答这个问题，先要看我国《刑法》第二十条规定：为了使国家、公共利益、本人或者他人的人身、财产和其他权利免受正在进行的不法侵害，而采取的制止不法侵害的行为，对不法侵害人造成损害的，属于正当防卫，不负刑事责任。

确切地说，正当防卫指的是对正在进行不法侵害行为的人，而采取的制止不法侵害的行为，对不法侵害人造成损害的，属于正当防卫，不负刑事责任。它应该符合四个条件：

（1）正当防卫所针对的，必须是不法侵害；

（2）必须是在不法侵害正在进行的时候；

（3）正当防卫所针对的必须是不法侵害人；

（4）正当防卫不能超过一定限度。

但是，《刑法》明确规定：正当防卫明显超过必要限度造成重大损害的，应当负刑事责任，但是应当减轻或者免除处罚。

回过头来看看旋小琪的案例，案例的发生应分为两个阶段。前半段，旋小琪面对即将发生的性侵害，持刀反抗属于正当防卫。但后半段，在杨某身中数刀倒地时，已经丧失了侵害能力，但旋小琪继续持匕首捅刺其头部致其死亡，这就属于防卫过当了，甚至有夺取他人生命的主观故意，属于故意杀人。

也正是这个原因，此案最终审判结果是：旋小琪在被害人倒地丧失抵抗能力后继续捅刺的行为构成了故意杀人。但是鉴于旋小琪杀人主观恶性不大，情节较轻，因此判处有期徒刑四年。由此可见，在自我防卫时要注意尺度，切勿过激，以免给他人造成不必要的过度伤害。

女儿，你可能会说：假设旋小琪第一次就将杨某刺死，也属于防卫过当吗？这个问题又涉及新的法律术语，那就是"无限防卫权"。我国《刑法》第二十条第三款规定：对正在进行行凶、杀人、抢劫、强奸、绑架以及其他严重危及人身安全的暴力犯罪，采取防卫行为，造成不法侵害人伤亡的，不属于防卫过当，不负刑事责任。

也就是说，如果旋小琪在最初杨某倒地时就已经刺死了他，而后她并没有继续刺杀杨某，那么她的行为就属于正当防卫。所以说，两种情况的根本差别就在于正当防卫是否在侵害正在发生时进行。如果是，就属于正当防卫；反之，则不属于正当防卫。

女儿，法律是用来保护人民正当权益，保护我们不受侵害的。但我们在维护自己权益，保护自身不受伤害时，也要注意防卫的尺度，避免防卫过当，造成不该发生的严重后果。所以说，面对侵害时，我们第一目的应该是设法制造逃跑的机会，而不是剥夺对方的生命。

那么，怎样才能达到逃跑的目的呢？爸爸给你列举几个实用的自我防卫措施：

自我防卫措施一：撕咬

女儿，面对性侵害者时，你可以抓住时机咬住对方的肉体不松口，迫使其就范。比如，有个女性遭到强吻时，抓住机会，咬住色狼的舌头不松口，致使其痛疼休克，后被警方抓住。

自我防卫措施二：猛踢

女儿，面对不法分子的侵害时，你可以抓住机会，用力踢向他的要害部位。这样可以削弱他继续加害你的能力，这一招对付性侵害犯罪嫌疑人时最有效。

自我防卫措施三：重刺

女儿，面对犯罪嫌疑人的侵害时，切勿慌乱，可以随手抓起尖锐物品，猛地刺向对方的脸部、肩部、大腿、臀部等不会造成生命危险的部位。比如可以用笔、剪刀、钥匙、树枝等物品，这些物品都可以起到"匕首"的作用。

自我防卫措施四：狠抓

女儿，当面对犯罪嫌疑人的侵害时，可以通过抓其面部、抓其要害，达到

克敌制胜的目的。抓的时候要抓得狠、抓得死，尽量将其皮肤抓破，既能制服对方，又便于后面收集证据。

自我防卫措施五：击喉

喉咙是一个人最脆弱的地方，也是最容易让人感到痛苦的地方之一。当你面对侵害时，可以趁犯罪嫌疑人不备，猛地一拳击打对方的喉部。这样的打击会非常痛苦，可能会让对方在短时间内陷入无力反抗状态。

自我防卫措施六：袭眼

女儿，电视中经常有人用沙土来袭击坏人的眼睛，即面对侵害时，从地上抓起一把沙土撒向对方的眼睛，使其短时间内睁不开眼，以便为自己争取逃脱机会。当然，以上六种举措都是为了让犯罪嫌疑人在没有防备时对其一招"致命"，然后趁着犯罪嫌疑人疼痛、迷乱之际，赶紧逃跑，然后报警。这个过程中，你切勿"恋战"，否则很容易让自己陷入更危险的境地。

第九章

任何时候，爸妈都是最爱你的人

女儿，从你呱呱坠地的那一刻开始，你和爸爸妈妈就有了一辈子的不解之缘。作为你生命中最重要的亲人，爸爸妈妈永远都是最爱你的人，也是你最可信赖的人。我们对你的爱是最无私、最深沉的，是任何人都给不了的。所以，女儿，无论你在学习和生活中遇到什么事情和困难，犯了什么错误，都可以坦诚告诉爸爸妈妈，我们会为你分忧解难。

女儿，你要学会保护自己
中学版

发生再大的事情，父母都会陪在你身边

    温州乐清某小学六年级七班班主任郑某是一名小学高级教师，从教23年，多次被评为"优秀班主任""常规教学先进个人"，还有多篇论文获奖。可就是这样一个人前"为人师表"的优秀教师，人后却背弃基本的伦理道德，对年幼的女生做出没人性的行为。

    2018年10月9日，网上一条微博引起了社会的广泛关注：郑某猥亵多名女学生，并在五个月前曾在自己宿舍对女学生做出不轨行为，还威胁女学生不能告诉家长。郑某因涉嫌猥亵儿童罪已被公安机关依法刑拘。

    女儿，在这个案例中，郑某威胁受害女学生"不能告诉家长"值得我们警醒。在这个世界上，与孩子有关的事情，没有什么是父母不能知道的。如果有人对你说"不要告诉父母"，那他们肯定是害怕被大人知道，一定是做了见不得人的事。因此，你遇事一定要告诉父母，这样才能避免再次受伤害。

    2017年初，镇江丹阳市法院、丹阳市妇联联合发布了一起女童性侵案：

    12岁女孩乙某是甲某女儿的同学，两人是隔壁邻居，关系挺好。案发当天，甲某把乙某骗至家中玩耍，谎称自己的女儿（即乙某的同学）快回来了，让乙某等一等。然后，甲某给她播放黄色影片。

乙某意识到看黄色影片是不对的，准备起身离开。这时甲某威胁她："如果你不配合我，我就跟你老师和父母讲，看你怎么见人！"乙某平时表现很好，由于担心事情传出去，影响自己的形象，她回家后也没有把这件事告诉父母。

在此后长达半年时间里，甲某以威胁的方式，先后三次对乙某实施性侵。直到有一天，乙某身上的肿伤迟迟没有消除，她才把这件事告诉妈妈。妈妈马上报警，将作案的甲某抓获。

女儿，在这个案例中，乙某被甲某性侵三次，与她那次看了黄色影片之后没及时告诉父母有很大关系。假如她当天回家把这件事清楚地告诉父母，父母肯定会重视，并提醒她如何防范甲某，相信后来甲某就很难得逞。遗憾的是，乙某在甲某的威胁下不敢向父母透露半句，这才把自己推向了万丈深渊。

我的女儿，你现在明白爸爸为什么一直强调"与孩子有关的事情，没有什么是父母不能知道的"了吧？因为你们这个年纪的孩子，分辨是非善恶的能力还不够强，特别是遇到威胁、恐吓时，往往不知道如何应对。如果你能及时说出来，爸爸妈妈一定会想办法为你排忧解难。这样可以让你避免很多不必要的伤害。

女儿，今后在你成长的道路上，发生再大的事情，希望你都不要害怕，因为爸爸妈妈会陪在你身边。当然，前提是你一定要如实告知爸爸妈妈，不然的话，我们怎么帮助你呢？在这里，爸爸希望你能做到以下两点：

1.如果别人让你不舒服，尽量不要妥协

女儿，如果有一天，有人触摸你的背心、内裤、裙子遮挡的隐私部位；要求你触摸他的隐私部位；带你去隐蔽、陌生的地方；带你观看身体裸露的书籍、图片、视频；带你去鱼龙混杂的成人娱乐场所；劝你吸烟、喝酒等等，这些行为让你感到很不舒服，爸爸希望你不要妥协、顺从。

因为妥协就是纵容，会导致对方得寸进尺，对你做出更过分、伤害性更大

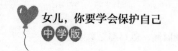
的事情。不要妥协、顺从，指的是不要配合对方，哪怕对方威胁、恐吓你，也不要害怕。你可以直接拒绝说："你这样让我很不舒服，我不想这样！"然后找个借口，赶紧离开。比如，你还可以对他说："让我先去一下洗手间，等下再说！""给我买瓶水来，我现在很口渴！"趁着去洗手间或对方给你买水之际，赶快逃跑。

当然，如果无法顺利逃跑，那么适当的妥协、顺从还是有必要的，以防激怒对方，给自己带来不必要的伤害。但是事后一定要把自己的遭遇告诉爸爸妈妈，这也是不妥协的表现。

2.不要遮遮掩掩，一定要清楚、明白地说

女儿，你们这个年龄的孩子，在遇到性方面的事情时，会不会遮遮掩掩，不好意思说出来呢？爸爸可要郑重地提醒你：性方面的事情往往事关重大，它经常涉及猥亵、性侵害，千万不能有"不好意思讲"的心理。如果你欲说还休、遮遮掩掩，不直接说清楚，有可能导致父母失去警觉，不能及时发现问题，制止伤害。

北京有一位父亲，给上高中的女儿找了一名老师补习功课。可没上几次补习课，女儿就说要更换补习老师。父亲以为是女儿觉得补课太枯燥，有些情绪化，从而拒绝补课，就说："这可是重点高中的老师，请过来给你补课，费用可高了！"因此没有同意换老师。

女儿很无奈，只好继续接受补课。结果，这名补习老师从最初动手动脚的猥亵，变得越来越为所欲为，到后来居然四次强奸女孩。后来父亲发现女儿情况不对劲，安装了摄像头，才发现了真相。

在这个案例中，女孩被补习老师强奸四次，有她父亲用人不当的原因，也有她父亲不听建议的原因，更与女孩自己没把事情说清楚有关。如果最初她向父亲提出更换补习老师时，能明确地说明"老师不正经，对我动手动脚"这种情况，相信再傻的父亲也能明白是怎么回事。可遗憾的是，她并没有明确说明自己想更换补习老师的真正原因。

所以，女儿，无论你遇到了什么事情，有什么样的烦恼，爸爸希望你都能坦诚相告。只有当你把真相说出来，爸爸才不会被蒙在鼓里，你才不会被进一步伤害。

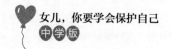

即便是爸妈也应当保持对你的尊重

著名央视主持人杨澜曾对自己的女儿说过："你的朋友必须是尊重你的人，不管他对你多么有魅力，如果他不尊重你，远离他。"女儿，这句告诫中的"朋友"不局限于朋友，还包括亲戚、邻居、同学及陌生人。同样，即便是爸爸妈妈也应该对你保持尊重。

诚然，在孩子小的时候，父母可以帮孩子穿衣、洗澡，也可以抱抱、亲亲孩子，但是当孩子进入青春期后，即将长大成人时，父母应该注意在行为上回避与孩子的肌肤之亲，这是尊重孩子身体的表现。特别是父亲与女儿、母亲与儿子之间，由于存在天然的性别差异，更应该注意避免肢体上的接触。

父母除了要尊重孩子的身体之外，还应该尊重孩子的隐私。女儿，爸爸知道青春期的你们随着年龄的增长和独立性的增强，需要有自己的私人空间。同时，你们还有一些隐私，有一些不想被别人知道的秘密。因此，你们渴望个人隐私得到尊重。可是有些家长并不理解孩子的这种心理，对孩子有失尊重，结果伤了孩子的心。

2013年8月15日下午5点，重庆市高新区的17岁女孩因妈妈不尊重她，与妈妈的关系越闹越僵，最后留下一句"今生永不相见"的话，就直奔火车站，准备去湖南见网友。幸好妈妈及时发现，并在民警的帮助下，将女儿劝回来。

当民警询问女孩"你妈怎么不尊重你了"时，女孩说："我妈经常拿我房间的钥匙，偷偷进到我的房间，翻开我的书包和日记，还会用手机登录我的QQ，检查我和谁交朋友。有一次，她还拿工具把我书桌上了锁的抽屉强行撬开，这简直不可理喻。"

美国心理学家艾瑞克·弗洛姆说："没有尊重的爱是控制。"爸爸想说："没有尊重的爱是伤害。"每个人都是一个独立的个体，有自己的思想，有自己的权利。女儿，爸爸妈妈生你养你，但在人格上我们是平等的。因此，我们会尊重你，尊重你的自尊和人格。在这里，爸爸要向你承诺做到以下几点：

1.尊重你的身体

女儿，爱和肢体接触是两码事。当你慢慢长大以后，身体接触更应该成为我们亲子交往中的禁忌。表达爱的方式很多，身体接触也并非最佳的选择。爸爸妈妈爱你，就会给你更多的尊重。从今往后，未经你的允许，爸爸妈妈不会随便触摸你的头部、脸蛋、肩膀。特别是爸爸，不会随便和你搂搂抱抱，因为你已经是个大姑娘了。

2.尊重你的隐私

女儿，每个人在成长过程中都需要一些私人空间。在生活空间上如此，在心灵空间和情感空间上更是如此。所以，爸爸妈妈向你保证：未经你的允许，不会随便进入你的房间，侵犯你的生活空间；也不会随便翻看你的抽屉、日记、信件、手机等，不会动用你的私人物品；更不会随便透露你的秘密，宣扬你的"糗事"。如果想了解你的内心，爸爸妈妈会走近你，和你坦诚沟通。

3.尊重你的想法

女儿，随着你渐渐长大，你在生活、学业、未来发展等各个方面都有了自己的想法，有了自己的选择。对于同一个问题，我们也可能会产生不同的看法。只要你说的有道理，爸爸妈妈都会听取你的意见，尊重你的想法，而不会

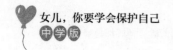

以家长的权威逼迫你服从。对于你的选择，爸爸妈妈如果有不同意见，只会提出建议，而不会强迫你、代替你做选择。但爸爸妈妈希望你明白，你是独立的人，要懂得为自己的选择负责。

4.尊重你的朋友

女儿，作为父母，我们希望你能够和优秀的孩子在一起玩，成为好朋友，至少不要交损友。但是有时候你们可能不那么想，你们认为交友是自己的权利，自己的朋友自己最了解，你们反感父母对你的朋友说三道四、评头论足。

对于你们这样的想法，爸爸妈妈非常理解。因为爸爸妈妈也曾年轻过，也交了各种各样的朋友。所以，对于你的朋友爸爸妈妈会以礼相待，即便发现你交了不好的朋友，爸爸妈妈也不会当面表现出嫌弃和厌恶，而是会事后跟你说，提醒你应该注意什么。

女儿，你知道爸爸妈妈为什么尊重你的朋友吗？那是因为尊重你的朋友就是尊重你。反之，如果有人不尊重你的朋友，那也是对你的不尊重。爸爸妈妈相信，爸爸妈妈的尊重能够换来你的理解，使你结交更多正能量的朋友。

做错了事情不要担心，也不要隐瞒爸妈

女儿，每个青春期女孩或多或少都有一些私密的个人空间，保守着一些无关紧要的小秘密。比如，对某个男生有朦胧的好感或者某个男生给自己写情书了；再比如，做了一件父母多次强调不能去做的事情……但是，有些事情你要掂量一下，隐瞒下去会不会给自己带来严重的后果？如果答案是肯定的，那一定要告诉爸妈。

六年级女生小微喜欢网络聊天交友，爸爸妈妈多次提醒她注意安全，还专门找了一些网上交友被骗的新闻案例给小薇看，但是小薇并没有当回事，她总觉得这样的事情不可能发生在自己身上。她想："我只是网上聊天，并没有和网友见面，父母真是杞人忧天！"

2015年3月的一天，小微加了一个网名叫作"天涯"的人为好友，两人聊得很投机。小微把自己的年龄、所在学校和班级都告诉了对方，对方也把自己的年龄和从事的职业告诉了小微。在聊天过程中，"天涯"多次提出想和小微见面，但都被小微拒绝了。

有一天，"天涯"告诉小微，他有个大哥是黑社会的，手里有枪，如果小微不出来见面，他就让大哥带人把小微家人都杀了。小微被吓傻了，但是又不敢告

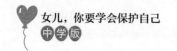
诉爸爸妈妈，怕爸爸妈妈骂自己不听话。

小微按照"天涯"的要求去约定的地方见面。然后，"天涯"把她带进了出租屋，强行脱光了她的衣服，还拍下她的裸照，并威胁小薇，如果不听话就把她的裸照发到网上，还会杀她全家。最后，"天涯"对小微实施了性侵。

几天后，小微又被"天涯"叫出来，再一次被强奸。直到三小时后，小微才敢回家。结果，神情涣散的小微被爸爸察觉出异样，在一番追问下，她才说出了实情。爸爸立刻带女儿去派出所报警，最终将"天涯"抓捕归案。

案例中的小微，因隐瞒一个小错而酿成一个大错，并且一错再错。假如不是爸爸察觉出异样，小微可能还会继续错下去。我们不禁要问：难道告诉爸爸妈妈实情被骂，比被网友强奸更可怕吗？

女儿，青春期是躁动不安的，也是容易犯错的阶段。古人云："人非圣贤，孰能无过。"处于成长阶段的你，犯点错误没什么大不了的。比起犯错误，故意隐瞒错误才更可怕。而与爸爸妈妈的批评和责骂相比，陌生人带给你的危险才更可怕。

所以女儿，无论你做错了什么事情，爸爸都希望你不要有心理压力，不要故意隐瞒，而要如实告知爸爸妈妈。你要相信，爸爸妈妈永远是你坚强的后盾。犯了错误爸爸妈妈会帮你改正错误，遇到了困难爸爸妈妈会替你出谋划策。哪怕你真遇到了危险和麻烦，爸爸妈妈也会为你保驾护航，绝不会让你受到伤害。

女儿，在成长的道路上，你难免会犯错误、走弯路，这是每个人都会经历的，并没有什么可怕的。可怕的是，你一次隐瞒会引发下一次隐瞒，最后一步步把自己推向危险境地。所以，我的女儿，当你做错事情时，爸爸希望你能够保持清醒的头脑。

1.遇到任何问题，都可以跟爸爸妈妈说

女儿，像你这么大的女孩，涉世不深，生活经验不足，内心又比较善良单

纯，所以面对社会上的诱惑和险恶时，你往往不知所措。而爸爸作为成年人，经历比你多，见识比你广，判断是非的能力也比你强。因此，遇到任何问题，都可以跟爸爸说。

女儿，在爸爸看来，这个世界上没有什么事情可怕到不能告诉父母。无论你遇到了多么糟糕的事情，无论你犯了多大的错误，爸爸妈妈都会陪你一起扛，因为爸爸妈妈永远爱你，也会永远支持你、帮助你。

2.遭遇伤害，要第一时间告诉爸爸妈妈

女儿，在日常生活中，如果你遭遇了伤害，无论这种伤害是别人有意造成的，还是无意中造成的，都希望你第一时间告诉爸爸妈妈。哪怕是别人一个不经意的动作，让你感到不舒服，即使没有对你造成实质性的伤害，比如，陌生人抚摸你的身体，亲你的脸蛋等，你要第一时间告诉爸爸妈妈。因为很多猥亵案、性侵案都是从细小的行为开始，然后一步步升级的。

3.没有不能说的秘密，你不必顾虑重重

女儿，随着一天天长大，你心里的小秘密也越来越多，比如跟××成为好朋友，跟××起了冲突，被老师批评了，等等。也许这些小事你不好意思说出来，但你要知道，在爸爸妈妈面前，你永远都是孩子，对爸爸妈妈来说，没有什么秘密是不能说的，也没有什么事情是难以启齿的，所以你无须顾虑重重。如果是涉及身体发育的秘密，你不好意思告诉爸爸，可以告诉你妈妈，相信妈妈会非常乐意倾听，并给你出谋划策，为你排忧解难。

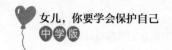
面对"唠叨"不要唱反调，爸妈真的是为你好

2018年12月的一天，夏阿姨无意间发现女儿竟然对自己的微信设置了"消息免打扰"。也就是说，她发给女儿的信息不会有消息提示。作为妈妈，夏阿姨感到很伤心。

那么，女儿为什么要这样做呢？原来，她屏蔽妈妈的消息提示，只是因为嫌妈妈太唠叨，她说："妈妈太唠叨了，整天不停地给我发各种鸡汤文和警示新闻。"

女儿，这是《都市热报》2018年12月12日刊登的一则新闻。比这则新闻反映的问题更严重的是，黑龙江一名青年因为嫌母亲太唠叨，在强烈逆反心理的作用下，居然杀害了母亲。

看过这样的新闻后，爸爸不由得担心起来：我的女儿会不会也嫌爸爸妈妈太唠叨，对爸爸妈妈有强烈的逆反心理呢？因为，女儿，自从有了你之后，家里每天都回荡着爸爸妈妈的唠叨：

"宝贝，再不起床要迟到了哟！"

"宝贝，今天降温了，你要多穿一件衣服呀！"

"吃饱点，上学饿了可没零食吃！"

"作业写完了吗？怎么又看电视？"

……

女儿，你会对这些唠叨不耐烦吗？想屏蔽掉我们的声音吗？

女儿，不要嫌爸爸妈妈唠叨。爸爸想告诉你的是：我们对你所说的每一句话，真的都是为你好。别人是不会这样苦口婆心地唠叨你的，因为你好与不好，和别人没有任何关系。可是对爸爸妈妈来说，你成长路上的每一步，都牵动着我们的神经，牵动着我们的心。

女儿，不要嫌爸爸妈妈唠叨。俗话说："当局者迷，旁观者清。"青春期的你在人际交往、个人情感等方面处于迷茫期，爸爸妈妈唠叨几句，是为了帮你指点迷津，教你认清现实。也许爸爸妈妈的经验之谈不一定适合你，但还是具有一定的参考意义。

女儿，别嫌爸爸妈妈唠叨。唠叨是父母表达爱最直接，也是最笨的一种方式，是不讲任何战术、没有任何策略的爱。对于爸爸妈妈的唠叨，现在你可能不理解，还可能表现出逆反情绪，但是若干年之后，你会发现这些唠叨其实是你成长的养料。

曾在某论坛中看到一个孩子"吐槽"爸爸的作文：

"弹琴，弹琴，弹琴！"

"每首曲子弹十遍！"

"手型错啦！"

"跳音长了！"

这就是我爸，也是一位钢琴老师，每次我练琴的时候他都会在我耳边唠叨个不停，我也曾厌恶他的唠叨，甚至赌气故意乱弹，为的就是气他。可是，当我的演奏赢得了听众的掌声时，我终于明白了这唠叨声中的爱。我从心底里明白，爸爸的唠叨对我是无微不至的爱和关心。

女儿，就像作家麦家对自己孩子说的那样："我的孩子，我是你的父亲，我无法停止去关心你。"只要你一天没长大成人，爸爸妈妈对你充满爱的唠叨就一天停不下来。

女儿，有人说，爸爸妈妈的唠叨所蕴含的爱，就像雨打沙滩，事无巨细、能量密集，会在你的心中留下一个个爱的印记。爸爸妈妈只想用这种方式告诉你：我们时刻都在陪伴你。等你长大后就会发现，有爸爸妈妈的唠叨是多么幸福。

女儿，对于爸爸妈妈的唠叨，希望你做到以下几点：

1.如果觉得有道理就接受，如果觉得没道理你可以表达不同的意见，爸爸妈妈随时欢迎你坦诚说出内心真实的想法，爸爸妈妈也想听一听你的心声，了解你的所思所想。

2.你可以嫌爸爸妈妈唠叨，但最好能耐心听完爸爸妈妈的唠叨，不要随便打断爸爸妈妈，不然会伤了爸爸妈妈的心。

3.对于爸爸妈妈的唠叨，如果你不想直接反驳，爸爸妈妈欢迎你写信指出我们的问题。爸爸妈妈会经常自我反省，尽量减少同一句话、同一个意思的重复率，减少对你耳膜的"损伤"。

与家人闹别扭，千万不要离家出走

女儿，处于青春期的你们独立意识和独立性越来越强，凡事总想按照自己的想法行事，加之自尊心显著增强，因此对于父母的批评和教育，很容易产生抗拒感，甚至故意对着干。有时候话不投机半句多，甚至稍不注意就会和父母闹别扭。有的女孩与父母闹别扭后，可能会情绪失控，动不动就离家出走。

2019年5月11日，贵州省荔波县一名初三女孩和家人闹别扭后，离家出走到偏僻路段，坐在路边抽泣。当地巡警发现后，以为女孩受到了不法侵害，立即上前了解情况。随后，巡警耐心安抚和开导，女孩情绪才平复下来，并表示自己没有受到不法侵害。

在确定女孩没有受到侵害后，巡警松了口气。然后给女孩做了半个多小时的思想工作，成功将其感化，并将其安全送回家中。当女孩被送回家中时，其父母也正在四处打听女孩的去向。见女儿安全归来，激动地向巡警连声道谢。

女儿，爸爸可不希望你像案例中的女孩那样，跟父母一言不合就离家出走。因为这太伤爸爸妈妈的心了，而且还会让自己陷入危险之中。这个案例中的女孩是幸运的，遇到了巡警，被安全送回了家。下面案例中的女孩就不那么幸运了，因离家出走差点被坏人性侵。

2018年8月的一天，张家港市一个14岁女孩小丽因琐事与父母发生争吵，一气之下离家出走，在外面晃荡到天黑。入夜后，路上行人和车辆越来越少，尽管她很想回家，但因放不下面子，依然继续在路边漫无目地闲逛。

骑电动车路过的汪某注意到小丽纠结踌躇的神情，见四下无人，小姑娘又长得眉清目秀，顿时心生歹念。他上前搭讪道："小姑娘，这么晚了怎么还在路上闲逛啊？看你一脸不开心，是不是和家人闹别扭了？说出来，叔叔帮你分析分析。"小丽见汪某一副老实的面相，言语中流露着关切，很快就放松了警惕，诉说了缘由。

汪某听完小丽的诉说，安慰了几句，还说送她回家。小丽虽然有点犹豫，但还是坐上了他的电动车。走了没多远，汪某说先带小丽吃点夜宵，填饱肚子，再送她回家。可吃完夜宵，汪某又说"太晚回家，肯定会被父母骂，要不今晚先在宾馆住一晚，明天早上再回家"。就这样，汪某把小丽带到了宾馆。

进入宾馆房间后，汪某终于露出了狐狸尾巴，试图对小丽进行侵害。还好小丽的哭喊声引来了宾馆工作人员，小丽才得以逃脱。

我的女儿，看到这样的案例，你是不是感到非常痛心呢？假如时光可以倒流，相信案例中的小丽绝不会离家出走，绝不会跟陌生人走。可惜现实没有"如果"，生活没有后悔药。从这个案例中可以看出，离家出走多么危险。因此，无论如何也不要因与家人闹别扭而离家出走。

那么，下一次当你和家人闹别扭时，应该怎样处理分歧、矛盾和个人情绪呢？爸爸建议你这样做：

1.遇到分歧和矛盾，请在家里解决

女儿，伴随着你的成长，你的思想、观念也在不断成熟，但因人生阅历、个人经历和看问题的角度不同，在一些问题上，你和爸爸妈妈难免会产生分歧。爸爸希望，无论你多么愤怒，都不要冲动地离家出走，你以为这样可以发泄内心的不满或"吓唬"住父母，却不知，离开了家庭和父母的庇护，你就像离群的羔羊，会被多少只饿狼盯上。所以，我的女儿，请你记住一句话：和父母遇到分歧和矛盾，请在家里解决。

2.解决问题的方式很多，任由你选择

女儿，如果你觉得爸爸妈妈的话伤害了你，让你心里不舒服，请一定告诉我们，而不要采取离家出走的方式来"惩罚"我们。坦诚相待才是解决问题的根本途径，这是爸爸最希望看到的解决问题的方式。

解决问题的方式有很多，哪怕你不愿意坦诚相待地沟通，也可以据理力争地争辩，实在不行，也可以沉默应对，和父母"冷战"几天，只要你别赌气离家出走，这几种方式任由你选择。反之，如果一闹别扭就离家出走，就是在逃避问题，还很容易置身于危险的境地。

3.用安全的方式缓解情绪、发泄愤怒

女儿，如果有一天，我们都情绪失控，你和爸爸妈妈大吵了一架，这时想冷静一下，你可以关上房间的门，爸爸妈妈不会打扰你，而会让你有个情绪缓和释放的空间。如果你感到很伤心，想去朋友家散散心，爸爸妈妈也不会拦着你，但请你明确告诉爸爸妈妈你要去哪里，什么时间回家，我们会送你去，到了时间再接你回来，从而保证你的出行安全。

此外，你还可以通过做自己喜欢的事情来释放不良情绪，宣泄内心的不快。比如，你喜欢运动，那么闹别扭后，你可以去做做运动。你还可以做自己喜欢的手工，画一幅画，或在电脑上看一部喜剧电影。这些都是很好的排解烦闷情绪的方法。比起离家出走，安全且有意义得多。

天下最爱你的男人是你的老爸

女儿，爸爸曾看过一个征文大赛，主办方要求参赛者用简短的故事来描述父爱。其中令人动容的作品很多很多，爸爸挑了一个自认为最经典的和你分享，让你看看女儿在全世界爸爸心中的分量。这个作品的大意是：

我爸是办公室主任，经常在酒桌上应酬。虽然他基本上不喝醉，但我很烦他一身酒气地回家，还凑近我，跟我没完没了地说话。

有一次，我爸喝得大醉，倒地就睡。公司同事打电话叫我妈去把他接回家，可我爸170斤的体重，任凭我妈怎么拉都拉不起来。不过，最后我妈还是想办法把他带回家了。

我妈到底用了什么办法呢？

直到有一次，爸爸的同事来家里拜访，我很好奇地向他打听那次醉酒事件后我妈到底是怎么把我爸弄回家的。

同事叔叔说，你妈当然弄不动你爸，但是她在你爸耳边大声说了一句话，你爸马上就爬起来，跌跌撞撞地跟你妈回去了。

我问他："我妈到底说了什么？"

他说："你妈对你爸说：'你闺女为了等你回家，现在还没睡呢！'"

而事实上，那天我早已入睡。

女儿，实不相瞒，当我看到这个故事时，内心有些澎湃，不争气的眼泪似乎想在眼睛里打转。没办法，爸爸就是这么感性的人，特别是想到我亲爱的女儿时，爸爸更是难以控制自己的情感。爸爸只想告诉你：在这个世界上，爸爸是最爱你的男人，没有之一。

有人拍过一个以父爱为主题的广告，其中有一句广告词让人听后鼻子发酸："爸爸是那个超越自己局限去爱你的那个人，他是你的超人。"是啊，我的女儿，爸爸就是你的超人，哪怕不是超人，也想做你的超人，为你保驾护航一辈子。

女儿，在你上小学的时候，你会因为爸爸每天去接你而无比开心，还会向同学骄傲地介绍："这是我爸爸！"那个时候，爸爸正值当年，英姿飒爽，头上还没有零星的白发。那个时候，你是那样地崇拜爸爸，觉得爸爸是世界上最伟大的人。

现在你上中学了，进入了青春期，你像很多青春期的孩子一样，表现出一些叛逆。这时你可能觉得爸爸怎么那么烦人，什么都爱管。你还可能觉得爸爸那样武断，那样不可理喻，比如不允许你乱交朋友，不允许单独和男生出去玩，可你知道吗？这都是因为爸爸太爱你了，怕你上当受骗。

记得有这样一个故事：

一天，青春期的女儿和爸爸意见产生了分歧，爸爸说一句，女儿顶三句。当时爸爸喝了酒，没控制好情绪，就朝女儿扔过去一本书，女儿大喊着"我讨厌你"便跑开了。

第二天，女儿无意间听到爸爸和妈妈在厨房对话。爸爸问妈妈："女儿以前不是最喜欢我的吗？怎么现在讨厌我了，我怎样才能让她喜欢我呢！"女儿听到后，瞬间就流泪了。

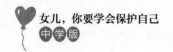
女儿，爸爸希望你记住：如果哪天爸爸惹你生气了，那一定不是爸爸的本意，而是爸爸爱你的方式不对，你千万不要跟爸爸记仇。因为爸爸是这个世界上最爱你的男人。

女儿，伴随着你不断成长，将来你要上大学，还会有一份自己的工作，然后到了应该认真谈恋爱的年纪，爸爸相信你也能找到一个合适的男友陪在你左右。到那时，爸爸不知道会有怎样复杂的情感，应该是既为你感到高兴，又为你感到担心吧。

爸爸的担心想必你也知道——担心男友对你不好，担心你受到伤害。所以爸爸先给你打个"预防针"，因为到那时，爸爸会对你千叮咛万嘱咐，要你擦亮眼睛看清对方，希望你到时候不要嫌爸爸唠叨。

女儿，再往后，你要步入婚姻殿堂，爸爸将自己从小看着长大的心肝宝贝交到别的男人手上，自己却悄悄背过身去，一遍又一遍地擦拭眼泪。爸爸是有泪不轻弹的男子汉，但却无法想象在那个瞬间，爸爸会哭成什么样子。

我的女儿，爸爸的爱如高山，是伟岸的、是高大的，也是无声的、是深沉的，也是内敛的、是含蓄的。爸爸对你的爱，悄无声息，深深渗入你人生的每一个地方。